细说天干地支

戴兴华 杨 敏 戴坤宸◎编著

U0332579

气象出版社
China Meteorological Press

内 容 简 介

天干地支，在我国传统文化中属于天文、历法、年代学范畴，最早应用于历法，接着应用于年代学、天文学、民俗学等方面，绵延三千多年，至今在我国民间仍有着广泛的应用。本书系统介绍了天干地支的由来与发展，详细阐发了天干地支与古代历法、天文学、阴阳五行学说、民俗学以及中医学之间的关系，讲述了与天干地支有关的趣闻轶事，附有1951—2080年阴阳干支简历，适合从事古籍研究相关领域的读者以及对天干地支历法知识感兴趣的读者阅读参考。

图书在版编目（CIP）数据

细说天干地支 / 戴兴华，杨敏，戴坤宸编著. -- 北京：气象出版社，2018.1（2024.4 重印）
ISBN 978-7-5029-6696-6

Ⅰ.①细… Ⅱ.①戴…②杨…③戴… Ⅲ.①历法—中国—普及读物 Ⅳ.① P194.3-49

中国版本图书馆 CIP 数据核字（2017）第 292941 号

Xishuo Tiangan Dizhi

细说天干地支

出版发行：气象出版社

地　　址：北京市海淀区中关村南大街 46 号　　　　邮政编码：100081

电　　话：010-68407112（总编室）　　010-68408042（发行部）

网　　址：http://www.qxcbs.com　　　　E-mail：qxcbs@cma.gov.cn

责任编辑：周　露　杨　辉　　　　　　　　终　审：张　斌

责任校对：王丽梅　　　　　　　　　　　　责任技编：赵相宁

封面设计：樊润琴

印　　刷：中煤（北京）印务有限公司

开　　本：710 mm × 1000 mm　1/16　　　　印　张：15

字　　数：180 千字

版　　次：2018 年 1 月第 1 版　　　　　　印　次：2024 年 4 月第 7 次印刷

定　　价：48.00 元

前　言

2017 年 8 月 4 日《中国老年报》报道：最近中国文字博物馆发出破译甲骨文的天价，"破译单个甲骨文奖励 10 万元"。又说，这批需破译的甲骨文总量有 3500 字，其破译基金总量约 3.5 亿元人民币。

这则信息带给我的感受是：始而惊异，继而庆幸，再则骄傲。

20 世纪初，甲骨文研究大师王国维、罗振玉、郭沫若等人悉心研揣，已破译了一批甲骨文，声名显赫。遗憾的是，他们的研究也只是开启大端，而不是基本上终结。及至现今，尚余下 3500 多个单字没得到破译。

在诸多大师破译的甲骨文中，已有天干地支，并且学者们据之整理出了殷历甲子表，进而出版了《殷历谱》。这些不啻是为我辈提供了一把金钥匙，可以用它对已知的远古之事作进一步的稽核，对未知的远古史事进行破译，并对已知和新知史料加以融合、校正、梳理、存储，从而形成探究我国灿烂传统文化的坚实基础。设若至今还未能整理出殷历甲子表，也许对夏、殷商、周史的一部分史事的研究还会坠入迷惘境况。我每念及此，就产生庆幸感。操同业者抑或会有同感。

庆幸伴生骄傲。中华民族具有 5000 年的悠久历史，堪称世界上的文明古国。天干地支是世界上其他国家古今所未有。据说有的国家的军事院校也在研究、教授中国的《易经》，而这必然要先行研究天干地支。愈是民族的，才愈是世界的。天干地支独树一帜，立于世界文化之林。

追溯我国古代历史，可以明显地意识到，历朝历代更迭频仍，再加分裂割据、僭位篡权，形成了种类繁多的历法，纪年现象甚为混乱，纪月方式也名目甚多，但干支纪法可以"合纵连横"，将其他各种历法融汇为一体，这种纪法颇似一根支柱，贯通各种纪法，支撑起我国历史纪年的各个阶段。

在当今提倡"文化自信"的大背景下，天干地支作为传统文化的一部分，也值得我们骄傲。原因有以下几点：

其一，我国古代典籍汗牛充栋，其中有不少蕴含了大量的以纪年法为框架的天干地支知识。今后，这些古籍不管以何种形式流传下去，天干地支都附丽其中，人们要继承研究这些珍贵的文化遗产，就需懂得一些天干地支知识。

其二，我国历代的社会生活中，各民族都相继形成了很多民俗现象，制定了众多民间杂历，根深蒂固，经久不衰。这些杂历中都蕴含天干地支知识，现代人在社会生活中进行一些民俗活动时，总会用到天干地支知识。

其三，现行的农历是在春秋战国时期制定的夏历。农历断断续续地流传下来已有三千多年，它主要根据朔望月的运行规律而制定，有观其月相即明其日期的特点，所以在民间一直沿用不衰。明清时期，西方传教士将阳历传入中国。1911年推翻清朝统治，当时的中华民国政府颁告天下，实行阳历。但在民间，农历仍然在人们的社会生活中占有重要地位，特别是每年春节、端午、中秋、重阳四大民间节日都是按农历庆祝的。这表明，农历历久积淀，已凝固成型，而农历的纪年纪月至今都还应用天干地支，因此，天干地支将伴随农历长期在人们日常生活中得到应用。

天干地支既然是一份珍贵的文化遗产，我们就要重视它，继承它，发扬它。这就需对它加以梳理、总结、记述。几十年来，坊间已出版了一些干支著作，并在历法、历史、天文、中医、民俗等领域产生深远影响。我临渊羡鱼，继而接踵操业，纳入其间。

我进入天干地支研究领域，堪称不期然而为之。我原本研究中国古代文化常识，后来受名人指点，从这个漫长的战线上突破了一个点，专门攻研中国纪年纪月纪日法。逾知命之年，已出版两种相关著作。原本打算就此作罢，但看到自己书架上还积存了那么多天干地支文献资料，不忍付诸丙丁或转觊他人。在杨敏教授的襄助下以及青年戴坤宸的积极参与下，积多年集腋成裘式的努力，写成《细说天干地支》。

本书由老、中、青三代人通力合作写成，错误之处实难免之，敬希专家和读者给以批评指正。

戴兴华

2017 年 10 月

目 录

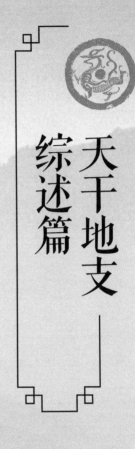

天干地支

综述篇

一、天干地支是我国特有的文化遗产

（一）天干地支在我国传统文化中的地位

"文化"一词有广义和狭义之分。就哲学范畴而言，文化属于上层建筑，其原始意义是指文治和教化。现代大型工具书《辞源》阐发其意义，说"今指人类社会历史发展过程中所创造的全部物质财富和精神财富。有时也特指意识形态"。

广义的"文化"涵盖时间和空间两大方面。就其构成的主要成分而言，包含传统文化、现代文化和外来文化三大部分。那么，天干地支应属于哪一部分？当然是传统文化。这是不言而喻的。

但是，若深入底里，细加考究，什么是传统文化？传统文化包含哪些方面的内容？天干地支在其中有怎样的地位？对于这几个问题恐怕不是每个人都能答得出来的。或许即使能有所对答，也可能语焉不详，因此有必要简单说一说。

传统文化是和现代文化相对的。一般来说，传统文化是特定民族在历史实践活动中所创造和积累的文明成果，它或者表现于物质载体，如建筑、雕塑、生产工具、生活用品；或者表现于语言文字；或者表现于抽象的性格、能力、民族心理、思维方式、生活方式、

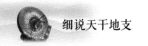

价值标准；或者表现于各种知识、信息的积累贮存。

传统文化是历史地形成的。人们今天的创造活动、文明成果到明天就会积淀在历史的长河中，从而形成层层积累的传统遗存。

但是，人类历史是不断向前发展的。事物一旦形成传统，就慢慢凝固起来，偏离日益发展的新生活，有时甚至和新生活发生冲突。因此，担负着现代社会赋予的生活和工作责任的人对于传统文化的基本态度，总的来说应是：有所继承，有所改造，有所革新。

传统文化包含哪些方面的内容？这是一个庞大而复杂的研究课题，同时也很难将方方面面都囊括其中。早在 30 年前，北京一些哲学和社会科学界学者就曾几次聚首对此进行探讨，终未能得出令众人折服的结论。

近些年来，笔者踵武以求，鲜有新知，但形成了条贯缕析的心得，认为现在中国的传统文化大致包含以下十二方面的内容：

一、中国古代各民族发展进步史

二、中国古代农业、手工业、优良的生产技能和技巧

三、中国人衣、食、住、行的生活方式

四、古代的婚姻、宗法、货币、度量衡等典章制度

五、古代的礼俗和宗教

六、古代的艺术、美术和工艺

七、古代的文献资料和图书制度

八、古代的历法、天文学和年代学

九、古代的地理学和方志学

十、古代的建筑和园林

十一、古代的医药、体育、娱乐

十二、古代各民族各地区之间的文化交流

既见树木，又见森林。从上述爬梳情况中，可以明白无误地晓

知：天干地支属于历法、天文学、年代学系列。之所以说它是优秀传统文化遗产，是因为其绵亘数千年，历经许多朝代，一直被沿用不辍，并且应用范围较广泛。

（二）天干地支是我国历法的骨干

前文已指出，天干地支属于传统文化中的历法、天文、年代学系列。那么，它在历法系列中居于什么地位？起了什么作用？对此，可以一言以蔽之，天干地支是我国历法的骨干，以下作三方面论证。

首先，从我国历法的起源方面看。远古的人们意识到刻木记事、结绳记事的缺陷，就逐渐摸索用符号记事纪日。经过长期的生活实践，人们创造出一系列的符号，逐渐形成了一些象形文字，后来再加以提炼，就有了天干和地支。人们首先用天干纪日，接着又用地支纪日，最后发展到用干支组成的复合名称纪日。河南省安阳市一带 20 世纪初期所出土的甲骨文中，绝大多数都是先标示出干支纪日，然后说出事项。由此可认定，随着文字的出现，干支相继出现，并逐渐被应用于原始历法，从而奠定了我国历法的基础。

其次，从我国历法的流传方面看。概括而言，我国的古今历法不外乎三大类，即阳历、阴历和阴阳合历，而长期得到使用的是阴阳合历。天文历算学家曾经对我国历史上制定历法的情况作过统计，认定我国三千多年来制定的历法有九十多种，其中有的从未曾得到应用。这九十多种历法可以说都是以阴阳历法为制定依据的，并且在纪年纪月纪日方面都使用过天干和地支。例如，先秦时期的夏历、殷历、周历、颛顼历都是根据地支所对应的朔望月分别来定岁首。太平天国虽曾颁行十多年的阳历，但也是以干支相配合，形成纪年

纪月的复式名称。中华人民共和国成立后，民间仍习惯应用阴阳合历，并且应用干支纪年。

最后，从中华大地上各种历法的共同点方面看。我国是个多民族的国家。在少数民族中，不少民族也据民族的传统和习尚制定出属于自己的历法。他们所制定的历法有的以干支为依据，有的以干支为参考依据，有的虽没有直接应用干支名称，但和干支有相仿相通之处。例如，居住于贵州省境内和广西壮族自治区北部的水族人所制定的水历就是以地支轮流纪日，并且把九月中的第一个亥日（地支为亥的日子）定为端节。这个端节是个喜庆日子，类似汉族人的春节。居住于云南省境内的傣族人所制定的傣历也采用干支纪年，以 60 年为 1 个周期，并且和农历干支纪年的序列一致。傣历有独特的纪日方法，但有时也以干支纪日。藏历没有使用干支纪年纪日，但其所用的五行和十二生肖组合的民间纪年法，和 60 组干支名称（即六十甲子，详见本书下文六十甲子表）有固定的对应关系，也是以 60 年为 1 个周期。

至于天干地支形成我国历法骨干的具体情况将在本书下文各有关章节中作较为详细的讲述，本节只述概况。

（三）天干地支和相关学科的渊源关系

天干地支最早应用于历法中，接着应用于年代学和天文，绵延至今三千多年。从春秋时期起，天干地支还被相继应用到其他一些领域，特别是和阴阳五行学说、中医学说、民俗学说有密切的关系。

春秋时期，我国兴起了阴阳五行学说。该学说是古人通过长期实践总结出来的一套哲学理论，以之认识宇宙万象和解释宇宙万物之间发展变化的相互关系。阴阳五行学说和天干地支体系相结合，使得干支具有了阴阳属性，也使五行和干支之间形成了固定的对应关系，如：甲乙对应木，壬癸对应水；申酉对应金，亥子对应水；等等。阴阳五行学说融入干支体系就变得更为丰富、更具有哲理性，人们通常以之解释中医学说和民俗学说等。

我国的中医学说源远流长，若从《黄帝内经》计起，也有 2500 年左右的历史。在中医学说的基础理论中，包含有五运六气、天人感应、子午流注针灸法等，还有被古人称之为导引、吐纳的气功，它们的理论中都融进了天干地支知识。例如，《黄帝内经》的《素问·风论篇》云"以春甲乙伤于风者为肝风，夏丙丁伤于风者为心风"。气功对中医的时间医学应用较为全面。气功理论讲述一天中人体气血运行的盛衰情况、一天中练功时间的选择等都扣住十二地支也就是十二时辰。

民俗学包含内容相当广泛，其中就有占卜术、星象术、择吉术等。这每一种术数中又包含诸多方面的具体内容，并且大多和天干地支有关系。有的以干支作为判定吉凶宜忌的准则，例如占卜天气的农谚就有"甲子雷鸣蝗虫多""立冬之日怕逢壬"等，前者是说甲子日打雷不吉利，后者是说交立冬节气那天逢壬不吉利。当然，这些说法是缺乏科学根据的。又如，择吉术多着眼于干支纪日来认定建房、开业、迁居、旅游的吉日。与择吉术相对的是禁忌。根据敦煌石窟中有关典籍可知：唐朝以前，民间就以干支为准则确定一些禁忌之日，如以天干为准的就有"丁不剃头""己不伐树""癸不负履"等，以地支为准的有"子不卜向""丑不负牛""午不盖屋""申不裁衣""酉不会客"等。

从上述各例也可看出，民俗学和干支的关系有不少是从干支纪日表现出来的。其中不免有迷信成分，应该摒弃。

　　天干地支和天文学、年代学的渊源关系前文已有所提及，此后各章节将会分别讲述，此处从略。

　　比较起来，农业生产、文化艺术、宗教信仰、科学技术等也都会或多或少涉及天干地支，特别是它们的古代部分，但都不会像民俗学所涉及的那样广泛而复杂。

二、溯古察今测未来

（一）天干地支浸注于古代典籍里

我国远古的人们最早用天干地支纪日，接着就以之述事、言情、阐发道理、测定吉凶、说明科学技术、编制历日历书。最初所依托的载体是龟甲、兽骨，后来就使用竹简。待发明了纸张之后，就逐步赋形于纸张，形成书籍，从而得以妥善保存下来。

我国最早最主要的典籍是五经，即：《尚书》《易经》《诗经》《礼记》《春秋》。《春秋》是编年纪事的，后来根据《春秋》所增编的《左传》，记载较详细，运用干支纪日述事的地方大大超过另外几种经书。例如在《左传·鲁僖公二十四年》中有这么一段文字：

> 二月甲午，晋师军于庐柳。秦伯使公子絷如晋师。师退，军于郇。辛丑秦晋之大夫盟于郇。壬寅公子入于晋师。丙午，入于曲沃。丁未，朝于武宫，戊申，使杀怀公于高梁。不书，亦不告也。

短短几行字用了6个干支纪日，实际上只是记了15天以内的事。这在当时是通常做法，正如我们现代用阿拉伯数字纪日一样，但今人就颇为费解了。

以《史记》《汉书》为首的二十五史都是纪传体史书，记述我国三千多年间史事。这些史书表述纪年纪日全用干支，无一例外。上述的"鲁僖公二十四年"即为公元前636年。从这一年向后推1760多年，就是金国军队攻入东京（今河南开封市）、北宋灭亡时期。《宋史》对这一事件记述较为详细，不少于2500字，其中大致接连用了20处干支纪日。延至清朝晚期，人们也都还用干支纪年纪日，纪日的如"戊申朔""丁亥晦"等，对于事件也都系以干支，如庚子赔款、甲午战争、戊戌变法、辛丑条约等。

不仅是二十五史，编年体的史书《资治通鉴》全书记事两千多年，也全用干支纪日。毕沅等人编的《续资治通鉴》亦然。今列举《续资治通鉴》第一百卷中的宋高宗建炎元年（1127年）十月一段记事如下（对原文略作删节整理）：

冬，十月，丁巳朔，帝登舟如淮甸。

戊午　隆祐太后至扬州。

庚申　诏：擅自招募民兵者，并令散遣。

癸亥　募群盗能并起而灭贼者，授以官。

甲子　李纲落职。

乙丑　诏：罢帅府。

丁卯　沙州遣使贡于金。

庚午　帝次泗州。

壬申　升扬州天长县为军。

丁丑　诏：诸路所收民间助国钱，乞令计置。

对天干地支知识陌生的读者难以弄清上述干支纪日的次序。若了解干支知识就能知道"十月，丁巳朔"指的是农历十月初一，"丁卯"指的是农历十月十一日，"丁丑"指的是农历十月二十一日。上述的10个干支纪日共记述了21天的事。

以上所列举的大多是古代官方所编修的史书。古代民间的或私人的著述不仅在表述年月方面用干支，还用干支比况事物、阐发事理、约定民俗。例如，《黄帝内经》用干支指代人身体的各器官，从而阐发病理；《甘石星经》以干支给天上的星宿命名；敦煌莫高窟中所藏汗牛充栋的经卷，记述着古代西部各国各部落的民俗民风等，也有很多与干支有关的内容。至于秦朝以来，我国曾制定过几十种历法改革方案，也都有和干支知识相关的，就无需赘述了。

（二）天干地支弥散于现实生活中

不要认为天干地支属传统文化中的瑰宝而现今已不适用，也不要认为现今只有做有关学术研究，特别是从事古代文化或古代科技史研究的人才有必要了解天干地支。实际上，天干地支知识犹如构成物体的分子，弥散于人们的现实生活中，与人们的生产、工作、学习、生活均有所关联。

首先是干支历法的应用。公历用的是公元纪年。而与月亮运行周期紧密关联的农历历来是民间乐于应用的。农历纪年纪月纪日都应用干支历法。从干支纪年看，公元 2018 年是农历戊戌年，2019 年是农历己亥年，2020 年是庚子年，如今，这些在当年的日历、月历牌上都标明的。至于纪月和纪日干支则局限于民间少部分从事与民俗有关的职业的人使用，至今仍如此。干支用来纪时却较为复杂，说法很多。茅盾的小说《子夜》是很多人都知道的，其中的"子夜"就是半夜。因用十二地支把一昼夜划为 12 个时段，夜半时分正处于"子时"，所以称"子夜"，也有称为"午夜"的。就天干而言，若将一夜分为 5 更，则子夜又可称为"丙夜"了。不妨再换一种方法说，若以天干地支相配合组成的 60 组复合名称来

计时，则在5天之内的子夜可以依次称为甲子、丙子、戊子、庚子、壬子。其余时间依此类推。有的人说："天都到了夜半子时，还未见他回家来。"这是不期然而然地应用了地支计时法。

农历应用天干地支纪法尚不止上述情况，很多杂节，像数伏、入梅、出梅、春社、秋社等都将天干地支作为确定的准则。

其次是天干地支在评议等级、组合事项方面的应用。各级党政机关、事业单位、企业、群众团体评选先进单位和个人，各级各类学校评定学生的操行，厂矿企业评定产品质量，都习惯应用甲、乙、丙、丁以示等级之分。订立合同、协议书也习惯于分甲方、乙方甚至丙方。上述这些内容一般都付诸书面语言。至于演讲、报告、总结汇报、经验介绍等，以甲、乙、丙、丁等天干排列内容事项可说屡见不鲜。比较起来，排序方面应用地支的却很少。

再次是天干地支融入各种民俗书籍以及历书历注中。漫步书肆书摊便不难发现：我国每年都出版很多民俗通书，这类书的内容几乎都是和天干地支知识有联系的，再者，每年民间发行的历书大多附有丰富的历注内容，除注明日期外，总还会说明农历当年是几龙治水、几牛耕田、几人分饼、几日得辛等，而这些无一不是以天干地支的有关文字作为确定依据的。若完全缺乏天干地支知识的人读某些民俗书或历书的历注，可能会像坠入五里云雾之中。

第四是天干地支弥散于口语、成语或术语之中。不妨随意举出几个例子："他的年纪已近六十花甲。""李氏家族中丁男不旺。""庚年不多，经历不少。"上述都是口语中用了天干地支。至于成语中应用得则多些，例如：

"付诸丙丁"，代指把东西放在火中烧掉了。在五行中，丙丁对应火。

"子卯不乐"，指逢子之日和逢卯之日都不奏乐，不舞蹈，表示怀念、祭悼之意。

"寅吃卯粮"，比喻入不敷出，预先支出了以后会有的收入。

"呼庚呼癸"，是向别人借贷的隐语。五行中，庚主西方，又指谷物；癸主北方，又指水。缺谷又缺水，比喻人的生活艰难，不得已要向别人借贷。

"丁是丁，卯是卯"，表示做事认真，不肯通融、苟合。

"丁一卯二"，意思是确实而明白。

在术语中应用地支的如与地球经纬线相关的"子午线"，与中医针灸相关的"子午流注"，两者都是用十二地支中相对应的"子午"两字合成的，不过前者是就空间而言，后者是就时间而言。

（三）天干地支融汇于传统文化精髓

辛亥革命后，建立中华民国，使用开国纪年法，并使用阳历，这当然是一大进步。但是也就随之有人建议废除阴历（指现今的农历），也废除天干地支。当时这建议有不少应者。

俞平伯先生是当代著名的《红楼梦》研究专家，颇受世人尊崇。1919年，他曾撰文建议"严禁阴历"，文中有这样一段：

> 我主张严禁阴历有理由。因为这是中国妖魔鬼怪的策源地。我们想想中国现在种种妖妄的事，哪一不倚靠着阴阳五行。阴阳五行又靠着干支。干支靠着阴历。所以如严禁阴历，便不会有干支。不会有干支的阴阳五行。不啻把妖魔鬼怪的巢穴一律打破。什么吉日哪、良辰哪、五禁哪、六忌哪、烧香哪、祭神哪，种种荒谬的事情不禁自禁，不绝自绝。

　　这段话引自湖南文艺出版社 1993 年出版的《人生不过如此》，主要阐释严禁阴历的理由，并表明若能实行，干支和阴阳五行以及部分相关的民俗也就会随之禁绝，但其对阴历和干支、五行缺乏全面而深入的认识。

　　前文已说过，一个国家或民族的文化都是由传统文化、现代文化、外来文化三部分融合而成的。其中，传统文化是主脉、是支柱，要加以继承。但是，传统文化又随着时间的推移而发展着，它从过去走到现今，还要从现今吸纳有效成分走向未来。我国的农历也不例外。

　　上述所说阴历指的就是现今农历。农历原名"夏历"，它同时以太阳和月亮的运行规律为制历依据，属于阴阳合历。它在我国已经应用三千多年，可以说根深蒂固了。在公历已经普及使用的情势下，农历还继续在我国民间被应用，这有以下四方面原因：①农历历月的长度大致等于朔望月的长度，月初必朔，月中必望，日期和月有固定的对应关系，便于记忆日期；②历史上近两千年来积累的丰富的可资农牧林业参考的农谚都是根据农历形成的；③海洋中潮水的涨落在农历中有固定的日期，我国海岸线长，运用农历计算潮汐有重大意义；④日食或月食在农历中也有固定日期，运用农历便于推测日食和月食的发生时间及情况。既然农历还会在民间长期应用，那么可以肯定，人们已习惯应用的与农历相关的纪年纪月纪日纪时方法也会长期存在，当然，天干地支将长期应用，与天干地支相配合的阴阳五行也会长期存在。这些都勿庸多说。中华人民共和国成立后，没有严禁阴历，而是将传统所说的阴历改称为"农历"，让它在民间继续得到使用，并进一步将农历中的几个传统节日确定为法定节日。

　　上面以农历的应用说明天干地支将长期存在。下面要说的天干地支将长期存在的第二个原因就是前文已晓喻的天干地支几千年来沉积于典籍中的情况。

我国现存的古代典籍中蕴含着大量的干支知识。我国古代典籍究竟有多少？真是恒河沙数，难以计起。若以现存的为限，倒也可知其概略。清朝乾隆年间编修成的《四库全书》是我国最大的一套丛书，收有各类古籍逾 10200 种，共 17 万多卷。这些古籍分为经、史、子、集四部，分别列入四库。后人若想从《四库全书》的古籍中汲取营养，就必然会接触干支历法。也可以说，这些古籍是"干支"的永久载体。

天干地支将会长期存在的第三个原因是人们在社会实践中对其的应用。社会不断进步，科学日益进步，高度信息化、电子化的时代将继续向前发展，但这些并不妨碍人们在社会生活中应用天干地支。首先，民间的很多杂节，如入伏、出伏、入梅、出梅等都是根据天干地支确定的。这些约定俗成的杂历与人们的生活习惯、气候变化相关联，今后还会因寒来暑往而存在。其次，很多理论学说的传统基石就包含天干地支知识，如阴阳五行学说、中医学说、易经八卦学说、天文学中的星象学说等。如果这些学说的理论基础、应用部分不变，天干地支必然还在其中。再者，一些社会俗信，如属相、择吉等不仅仅分别约定俗成，而且有的根深蒂固，不可能禁绝。

传统文化是流动着的，会不断发生演变。有潜移默化式的吐故纳新，也有激荡腾跃式的吐故纳新。以方块字为例，很多古奥字、冷僻字、异体字，有的消亡了，有的被赋予新意，有的已被归并。但天干地支有所不同，三千多年以来，已形成固定的对应关系，排列次序从未改变，它已融入传统文化的精髓，并将发展成为未来先进文化的重要因子。

（四）应该学点天干地支知识

学点天干地支知识对从事学科专业工作的研究者来说是非常必要的，对于一般人来说也是有一定意义的。这大致可从历法范畴、历史事件、学科用语、社会生活几个方面说起。

前面已经说过，天干地支是我国历法的骨干，在阅读、研究古籍时，只要涉及历法纪年法，就会和天干地支有联系。《资治通鉴》是一部大型编年体史书，完全用干支法纪日。如《汉武帝元封六年》云："十一月甲子朔旦，冬至……乙酉，柏梁台灾。"这"甲子""乙酉"各相当于现今序数纪日的哪两天，就需查阅有关工具书才能知道。若是具有天干地支系统知识的人，就会扣住其中"朔"字判定"甲子"是指十一月初一日、"乙酉"是指十一月二十二日，无需再查工具书。

唐朝诗人王维《送杨长史赴果州》诗中有两句是"鸟道一千里，猿声十二时"。这个"十二时"指的是一昼夜。这里用的是十二辰纪时法，也就是十二地支纪时法。

我国近代史或现代史上一些重要历史事件往往以干支命名。如戊戌变法、辛丑条约、庚子赔款、甲午战争、辛亥革命等，这样应用干支就直接表明事件所发生的农历年份。

中医学说将人体的各部位与天干地支相对应，对人体气血运行盛衰情况也用十二地支纪月或纪时法来解释。天文学中，古人将28个星野与地理相联系，并又与十二地支相对应。民俗学中，也有人将八卦与十二地支相对应。各相关学科研究者如果事先具备天干地支知识，面对类似上述情况的内容就可驾轻就熟，迎刃而解。

反过来说，不管是学科专业研究人员还是一般大众，如果缺乏天干地支知识，就可能在理解或表达书面语言或口头语言中出现歧义，甚至会闹笑话。下面举三个例子，前两个是书面语言中的，第三个是口头语言中的。

一位初涉史学的人看到古籍中纪月大多是用序数的，就想当然地认为纪日也是用的序数，看到《史记·秦始皇本纪》中有这样的记载："彗星复见西方十六日，夏太后死。"就理解为："彗星复现西方，十六日那天，夏太后死了。"而这话的本意是："彗星又出现在西方天空有十六日的样子，夏太后就死了。"若是他知道那时是用干支纪日，就不会产生这样的误解了。

早些年，报刊上有一篇新诗《周总理就要来到我们之中》。其中有这样一句："绝对不能让老人家洗那带补丁的衬衣，他够劳累了，一天只睡三四个时辰。""时辰"和"小时"是两个概念，时辰是古时的纪时概念，大多用十二地支给时辰命名。每个时辰相当于现在的两个小时。一天睡三四个时辰是不符合周总理日理万机的繁忙实际的。前面加了个"只"字，可见作者本来要说的是"三四个小时"。

古时有个男人怕老婆，自己又贪吃。一天，老婆吩咐他到集市上买根竹竿，他听成买块猪肝。他到集市上先买了几个年糕吃了，然后去卤菜店买了一块熟猪肝。店主收过钱又割了半个猪耳朵送给他以示优惠。这人回家去只交出猪肝，怀里揣的猪耳朵舍不得交出来。老婆生气地说："我叫你买竹竿，谁叫你买猪肝，真不会办事。"当天晚上叫他在床前罚跪。第二天，村里来了个算命先生。这个男人走上前算命，想知道今后什么时候老婆才会对他亲昵。算命先生问："你年高？"就是问多大年龄了。这男人答："年糕我吃了三个。"算命先生一听文不对题，就改口问："你贵庚？""庚"，是年的意思，"贵庚"是高雅的说法，也是问年纪多大了。这人将"贵庚"误解为"跪更"，内心里佩服算命先生算得灵——连在床前罚跪的事

他都知道，便不敢隐瞒，说："我跪到二更半，老婆才让上床睡觉。"算命先生又气又笑，说："你的耳朵呢？咋听的！"这人更认为算命先生灵验，遂答道："耳朵在怀里揣着呢！"于是从怀里掏出了还没舍得吃的猪耳朵。这当然是个笑话，笑话中的怕老婆者设若早了解一点干支常识，又何至于对"贵庚"作出"跪到二更半"的回答。

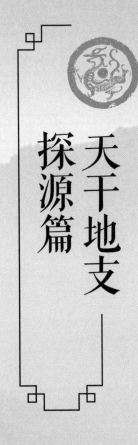

天干地支
探源篇

一、天干地支的起源

天干地支是我国特有的传统文化遗产，它源于中华大地上远古人们的生产实践和社会生活。史书对此也有记载，但是说法不一。以下列举几种说法，并各有所本，供读者参考。

（一）起源于有关太阳和月亮的传说

《山海经》一书最初见于《史记·大宛列传》，后经文人增补，形成一本保存远古神话传说的书。《山海经》中的《大荒南经》《海外东经》以及《淮南子·本经训》都说及帝俊（即"五帝"之一的帝喾）的妻子羲和生了10个太阳的故事，云："九日居下枝，一日居上枝。"这是说10个太阳同住在一棵大树上，每天轮流值日，居上枝的就是值日的太阳。10个太阳轮流一周就是10天，也就是一旬（"旬"在当时是"循环"的意思），以此为阶段值日。为有所区别，就将10个太阳分别命名为：甲、乙、丙、丁、戊、己、庚、辛、壬、癸，这就形成了十天干。

《山海经》中还说及与月亮有关的传说。《大荒西经》说，帝俊的妻子常仪（有学者认为羲和与常仪为同一人）生有12个月亮。月亮也像太阳一样轮流值班，但每个月亮值班的周期是1个朔望月。

12个月亮轮流值班一个周期就形成月亮年，也就是后来人们所说的一个阴历年。为有所区分，12个月亮分别被命名为：子、丑、寅、卯、辰、巳、午、未、申、酉、戌、亥。

以下对这两个传说作些解释：

其一，生12个月亮的常仪指的就是民间传说中的嫦娥。在古代，"仪"和"娥"的发音有近似之处，因而常仪后来在传说中就演变为嫦娥。

其二，"干支"二字是后人给加上去的。因说及太阳每天在树的枝干值班，所以就称10个太阳为十干，并相对地命名，称月亮为"支"，并又逐渐衍生出天干和地支的说法。

其三，上述说法只是古人对太阳和月亮运行周期的形象化的描绘，也颇能引人深思遐想，但它毕竟属于神话传说。

（二）起源于对人体形态和动作的描摹

河南省地方志编委会主办的刊物《中州今古》1985年第6期刊有一篇文章叫《试释天干地支之谜》，认为天干地支的原始字形来源于人的手足。文章说，人手共有10个指头，正好对应十天干。远古的人是12个脚趾，后来退化掉了两个小趾，才形成今人的十趾。古人的十二趾正好对应十二地支。

文章又说，天干第一个字是甲，形似人的拇指，上宽下窄，指尖端有甲。"甲"字原始读音类似"妈"字，是容易发出的音。据此可测知，"甲"字有音较早。按甲指所生位置及其发音较易来看，确实合乎天干十个字的第一位。

文章还说，天干的"乙"如右食指弯曲的形状，是"二"的别音异形同义字。至于"丙""丁"及其以下六字，都分别源于双手的 10 个手指，是十指的变换形式。同时天干的"干"分开看则是"一"和"十"，是十指的和数。人手居上，上天下地，故名曰"天干"。

文章认为，地支的"支"分开写是"十"和"又"两个字。"又"在古代含有"再"的意思，因此说支由"十"和"二"组成。趾居于下，履地以支撑全身，故名曰"地支"。

文章还认为，地支的 12 个字也是从人们的日常生活实践中产生并演变的。12 个字各有含义又互相关联，类似 12 个脚趾的骨肉关系。接着就分述 12 个字的原始形状及含义如下：

子：形状类似襁褓儿，同时，"子""指""支"三字同音，商朝帝王又是子姓，所以子冠于地支之首。

丑：古文字似人的足形，上面虽只有三画，但中间有一横笔，把三画分为两段，即形同 6 个脚趾。

寅：像正面垂臂分腿的人体形。

卯：如开门形。

辰：意指星辰。

巳：如盘蛇形。

午：形似人在日下张盖。

未：像木重生枝叶。

申：似车轮形。

酉：似饮酒爵器。

戌：如戈如戟。

亥：亥为豕，与豕（猪）同。

把十二地支起源意义连贯起来，可以组成以下诸多情节：子似襁褓儿，丑是足，寅是成年人，卯是开门。门外所见，辰星在天，巳蛇在地。未是茂树，人劳动到了中午，就到树荫下纳凉休息。有

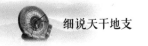

时又乘申形的车去会亲访友，用酒爵对饮。有时又持戈或戟去狩猎，所捕获的野物有猪。

以上所描摹的是远古人们简单的生产生活情况。古人把这一系列情况仿照 12 个脚趾的构想而分为 12 个小的阶段，依序命名，作为数字来应用。

这篇文章最后说，天干地支并不是一族所创、一时所成，它是中华民族先人的集体创造，经长时期演变而成。它们先有异形异音，渐趋近于同形同音，又发展到定形定音，及至于今形今音。他们肯定出现于夏朝的前期，夏朝就有三个帝王是以天干命名的，到了商朝应用范围就扩展了。

天干地支新兴派别的学者作这样的解说未免牵强附会，但它总算是一家之言。正确与否，价值若何，有待历法界学者认真研究和评论。

（三）起源于黄帝大臣的创造

第一个提出黄帝大臣创造了干支的是东汉末年的蔡邕。他在《月令章句》中说："大桡采五行之情，占斗刚所建，于是始作甲乙以名日，谓之干；作子丑以名月，谓之枝（支）。干支相配，以成六旬。"延至唐朝，司马贞为《史记》一书作索隐。他在《历书·索隐》中说："黄帝使羲和占日、常仪占月、臾区占星气，伶伦造律吕，大桡作甲子，标首作算数，容成综此六术而著调历也。"这两种说法，前者是单一的，后者是综述的，都论定黄帝的大臣大桡创造甲子，也就是干支。此后的一些典籍就随之附和，于是大桡创造干支的说法便流传下来。此说和所谓仓颉创造文字之说一样经不起推敲，都是不符合历史实际的。

近代，人们对有关文献、出土文物等进行多方面考证后认为：大桡创造干支只不过是一种神话传说而已，实际上干支不可能仅仅靠一个人在短期内创造出来，并为人们普遍接受。它应该是远古的人们在长期的生产、生活实践中逐渐总结出来的一种表述时间的工具。

二、天干地支原始字形

（一）干支和甲子名称的由来

天干地支简称"干支"。干支是个类属性词语，大概是后人给加上的总摄性名称。"干"原写作"幹"，表示树干。"支"原写作"枝"，表示树枝。可以看出：干为主，支为从。

十干的甲、乙、丙、丁、戊、己、庚、辛、壬、癸，都被应用于夏朝和商朝的帝王名字之中，就形成于居上位者。因为后人认为帝王都是上天的儿子，即天子，所以"干"就被称为"天干"。相应地，就有了地支，合并称为"天干地支"。

十天干与十二地支的子、丑、寅、卯、辰、巳、午、未、申、酉、戌、亥分别逐一对应组合起来，就出现了以"甲子"为始的60组不同名称，所以干支表又被称为甲子表。

（二）天干地支原始字形分布于甲骨文中

甲骨文是刻在龟甲或兽骨上的原始的象形类文字，距今逾3500年。甲骨文长期埋于地下，不为后人所见所识。后来怎样被发现的呢？这要从清末国子监祭酒（当时朝廷中主管教育的官职）王懿荣患病说起。

清光绪二十五年（1899年）秋天，王懿荣身患疟疾。他的家人从药房买回几包中药。药包中都有被称为"龙骨"的小型甲片。他发现甲片上都有似乎被刻画的特殊符号，于是将甲片对着阳光一照，看到那些符号分明都是人为，并进而判定这可能就是远古时期的文字。于是，王懿荣派人或托亲戚到各中药店收买"龙骨"药，很快买到了1500多片。最终，他研究确定甲片上的字应该是殷商时期的文字。

消息传播开来，学术界普遍重视，并认为甲骨文的发现是中国近代文化史上的一件大事。但相应地还有悬念——这些甲骨究竟是从什么地方出土的？为此，一群热心于斯的学者又踏上了艰苦的求索之路，其中用力最勤的是江苏省淮安人罗振玉，他曾走访过河南省辉县、淇县等地。一直到1908年甲骨文面世十年之后，罗振玉才真正了解到甲骨文出土于河南安阳的小屯村，那里是殷王朝都城所在地。于是，罗振玉于1911年从安阳大量收购"龙骨"，共收有12500余片。

天干地支的原始字形，就分布在安阳出土的甲片之中。

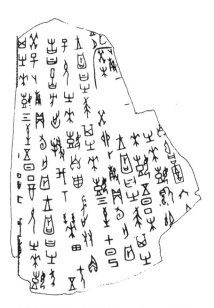

河南安阳市小屯村出土的牛骨刻辞

（三）《殷历谱》中记有天干地支字形

罗振玉获得大量甲骨文片后就

开始了认真研究，先后出版了《殷墟书契前编》《殷墟书契后编》《殷墟书契考释》《殷墟古器物图录》等著作，成为著名文字研究大师。

在他的影响和带动下，中华人民共和国成立前后，国内出现了一批研究甲骨文的学者，并相继出版著作，其中有一本叫《殷历谱》。

《殷历谱》就是关于殷历历法的资料，它的编列系统而有序。殷历并非只是殷朝使用的历法，而是先秦时期多种历法方案中的一种。它的特点是以建丑之月为岁首。如果用当今的历法比况，可以说以农历的十一月为每年的岁首。

殷历也用干支纪日。在殷墟中就出土了殷历的干支表，近代文字学家对其进行了训释、排列，并定名为甲子表。甲子表是竖排表式，

殷历甲子表

从右至左，依序排列干支的60组不同名称。此表距今逾3500年，字形怪异，今人仅能识读其中少部分文字。

（四）《说文解字》中收录的天干地支篆文字形

《说文解字》由东汉许慎编著，当时都用篆书写成。

《说文解字》是我国最古老的字典，共收篆文单字9300多个，并有部首540个。为了能够继承这份文字遗产，当代文字学家康殷编著了《说文部首》一书，把部首的字都放大排列，然后再用小字对每个部首字加以解释，大约在1985年前后由北京荣宝斋出版印刷。值得欣幸的是，这本书中也有天干地支的篆文字形。现据原书搜索辑录，编排成横行供读者参考。

十天干篆文字形

自右向左、由上到下依次是：甲、乙、丙、丁、戊、己、庚、辛、壬、癸

十二地支篆文字形

自右向左、由上到下依次是：子、丑、寅、卯、辰、巳、午、未、申、酉、戌、亥

三、天干地支的原始含义

概言之，天干地支的原始含义都指生物的生、长、化、收、藏，以此代表万事万物产生、发展、壮大、削弱、死亡、更生的系列过程。而天干地支的每一个字又都有具体的含义，本节将详细阐述。

（一）天干地支原始含义研究始于西汉初期

前文已说过，天干地支起源于远古时期，但是研究其具体含义却要晚了两千年左右。这种研究始于秦朝时期，直至西汉初期才在典籍中有了系统的解释。

《尔雅》是一部综合性的解释字义词语的著作，由西汉初期经学家陆续汇集各种字义解释和方言，经多次加工整理而成，在当时具有字典的性质。《尔雅》全书分19篇，其中有些篇讲到天干地支有关字的含义，但并不完整。时隔近300年，班固编著的《汉书·艺文志》收录了《尔雅》一书的主要内容，从而使该书的内容包括对干支的解释得以流传下来。

就在班固编著《汉书》之前的150年左右，司马迁编著了《史记》。《史记·律书》中就有多处提及天干的原始含义，如：甲是"万物剖符甲而出也"，乙是"万物生轧"，丙是"阳道著明"，丁是

"万物丁壮",辛是"万物辛生",癸是"万物可揆度"。

《史记·律书》对地支每一个字含义都有解释,如:子是"万物滋于下",丑是"万物危纽未敢出",寅是"万物始生",卯是"万物茂也",午是"阴阳交固日午",酉是"万物老极成熟",亥是"阳气藏于下",等等。

若以时间顺序而论,可以说:《尔雅》在先,《史记·律书》在后,《汉书·艺文志》更后。这三种著作中对天干地支含义的解释,为其后不久编成的《说文解字》提供了重要的参考资料。

(二)《说文解字》对天干地支各字的解释

《说文解字》是我国最早的一部字典,全书有14卷,解说的文字共1万多。

此书是东汉时期的许慎于东汉和帝永元十二年(100年)编成,直到20年之后才由其后人献诸官方,比《汉书》面世晚了约50年。

如前所述,《说文解字》收篆文单字超过9300个,共分540个部首。每一部首内的排列顺序没有单一而固定的原则,况且字体也大多是当时的篆文,后人较难识认。天干地支被分散于各相关部首之中,并非集合于一起。研究者将其搜求出来,按顺序排列,并变化为现在的字形,又适当融入现代语言,从而解析出了它们的原始含义。

先说十天干。《说文解字》对十天干每字的解释都扣住阴阳、作物在生长周期内的阶段性变化、人的形体、空间方位,其中最重要的是作物生长周期变化,也可以说是物候。现将物候和阴阳学说相结合,逐字加以解释。对于人的形体和空间方位两方面,也随之集中概述。

甲：孟春三月，阳气萌动，种子冲破甲壳，开始突出。

乙：阴气尚强，种子冲出甲壳，尚未冒出地平面，在蜷曲伸长。

丙：阴气初衰，阳气将至，万物炳然著见。"一"指阳气，"门"者，门也。"丙"是会意字，指阳气入于门，呈浮于门之象。

丁：夏天万物皆丁实苗壮，原字形指作物枝叶初形成，呈苗壮之势。

戊：原字形像五龙六甲相拘绞，意思是作物繁茂，戊后来加上"艹"字头成"茂"，含义更加明显。

己：原字形指秋季到了，万物辟藏诎形。后来引申为内中，再引申为人在中为己，即自己。

庚：秋时万物肃然更改，庚庚有果实，原字形表示两手摘果实。

辛：秋时万物成熟，临近收获期，民有辛劳之忧。

壬：阴极阳生，阳气壬养万物于地下，人们"胫胫壬体"，忙着收获农作物。

癸：原字形指水从四方流入地中，指冬日水土平，可揆度也。

另外，《说文解字》按十天干排列顺序，将人的形体由上及下两相对照，作出比拟，如说：甲像人头，乙像人颈，丙像人肩，丁像人心，戊像人胁……壬像人胫，癸像人足。这种解释在后来的社会生活中被淘汰了。

十天干与空间方位的对应关系是：甲、乙对应东，丙、丁对应南，戊、己对应中，庚、辛对应西，壬、癸对应北。单独应用时，空间方位的意义基本上显现不出来。

和十天干比较起来，十二地支的原始含义基本上只扣住阴阳和物候两个方面，不涉及人的形体、空间方位等。但由于地支和土地有关，对阴阳方面的解释较详细。逐字析如下：

子：原字形像下身被包裹于襁褓中的婴儿，引发出"初始"和"人"两方面的意义。子者，滋也。十一月阳气微动，万物开始滋荣于地下。万物莫灵于人，故后来"子"被假借而含"人"意，如老子、夫子等。

丑：纽也，鲜也。十二月阴气固然渐鲜，万物已萌动，原字形像举起的横斜形手掌，表示阳气初生，春将来临，举手思奋。

寅：正月阳气动，如水泉欲上行，但阴气尚在，阳气只好津涂于其下。原字形表示阴气如屋罩于上。

卯：茂茂然，二月万物冒出地面，原字形呈开门之形。故二月被称为"春门"。

辰：震地。三月阳气浮动，雷电始震，万物伸舒而长，生气方盛。"辰"最初的字形简单，有些像原始石犁，表示民众进入农忙时。

巳：四月阳气已出，阴气已藏。原字形有些像蛇弯曲垂尾，表示阳气已出，阴气消藏。

午：逆也。五月阴气逆阳，冒地欲出，呈纵横交错状。原字形表示阴气与阳气相忤逆。

未：味也。六月万物初成，有滋味也。原字形含有枝叶繁茂、木老结实之意。

申：伸也。原字形表示雷电延伸。七月阳气成体，以自伸束。

酉：就也。八月万物皆老，粟成可制酒。原字形含闭

门之意，指万物已入。故酉被称为"秋门"。

戌：灭也。九月万物毕成，阳气收敛，入于地下。原字形为会意字。戌为土，一代表阳，"戌"字表示阳气入土了。

亥：根也，十月伏于土中阳气欲起，上接盛阴，欲出不能。原字形系"二"之下有一男一女。"二"字上面的一横含义为阴气强，阳气欲上不能。

从上述解释可看出，十二地支对阴阳二气变化表述较详细。又可看出十二地支和农历月份的对应关系：子对应十一月，丑对应十二月，寅对应正月，卯对应二月……亥对应十月。现今农历的干支纪月仍沿用这个对应标准，没有变更。

（三）后人从原始含义演绎出的简释

《说文解字》对天干地支原始含义的诠释较为贴近现实，也较为详细。但年深日久，随着社会文化、习俗、文字诸多方面的不断变革，其原始含义与社会生活日臻疏远，使人认为深奥难解。后来，有人将其向大众化、通俗化方面转换，衍生出新的含义。经过一段时间的审辨、归并，从而形成新的系统性简释。以下略述之。

有一本叫《群书考异》的书，为何时何人所写，目前尚不深知，在《四库全书总目》中查无此书。据此推测，它是一本未步入大雅之堂的书，或是《四库全书》编撰后而出现的私人著述。该书对天干的解释原则是援引太古意，阐发新意。录如下：

甲是"拆"的意思，指万物剖符而出。

乙是"轧"的意思，指万物屈曲生长。

丙是"炳"的意思，指万物炳然著见。

丁是"强"的意思，指万物丁壮。

戊是"茂"的意思，指万物茂盛。

己是"记"的意思，指万物有形可记识。

庚是"更"的意思，指万物收敛有实。

辛是"新"的意思，指万物初新皆收成。

壬是"任"的意思，指阳气任养于万物之下。

癸是"揆"的意思，指万物可揆度。

以上解释紧扣太阳、阳气、植物生长节律，兼顾《说文解字》原书的音韵及六种释义法，当然也难免粗略或失当之嫌。

另有著作扣住《尔雅》对十二地支的原始含义作演绎性简释，也是依序说的：

子就是"孳"，表示万物繁茂。

丑就是"纽"，意思是用绳子捆住。

寅就是"演"，指万物开始伸长。

卯就是"茂"，指万物茂盛。

辰就是"震"，指万物震动伸长。

巳就是"已"，指万物已成。

午就是"仵"，指万物已过极盛之时，又是阴阳相交的时候。

未就是"味"，指万物已成熟而有滋味。

申就是"身"，指万物初具形体。

酉就是"老"或"鲍"，指万物十万成熟。

戌就是"灭"，指万物消失归土。

亥就是"核"，指万物形成种子。

两相比较，可以说，上述对天干原始含义所作的简释略逊一等。《尔雅》对地支的原始含义所作的简释通俗简要，便于读者理解。

四、天干地支最初的功能

（一）用来纪日

原始社会的人们运用结绳记事和刻木记事等方法纪日。随着生产力的发展和交际活动增多，人们逐渐觉得结绳记事和刻木记事既烦琐又容易出差错，就想出画符号记事纪日的方法，也就是从实物转向人对实物的描摹。最早出现的记事纪日符号可能就是天干，接下去就是天干和地支并用。这只是后人对史前社会人类记事方式的概略推想。

无论根据文献的详细记载还是根据对出土甲骨文的研究，都可以确切地认定：在天干地支众多的应用功能中，最早的是纪日。

但是，天干地支最早用来纪日的情况也是多样的。有的只用天干，有的只用地支，更多的是用天干地支组合成的 60 组复合名称纪日。三者之中孰为先？从现存文献看，可以说天干纪日为先。

明末清初的史学家顾炎武著有《日知录》一书，这部读书笔记式的著作共 32 卷，较多谈及天干地支知识。其中有一篇名曰《用日干支》，就论证了纪日先用干支的事：

三代以前，择日皆用干。《礼记·郊特牲》："郊日用辛，社日用甲。"《诗经·小雅·吉日》云:"吉日惟戊。"《谷梁传·哀公元年》云:"六月上甲始庀牲,十月上甲始系牲。"《礼记·月令》云:"仲春上丁,命乐天习武释;仲丁,命乐正入学习乐。季秋上丁,命乐正入学习吹。"

上面所引的一段文字中的"辛""甲""戊""上丁""仲丁"都是天干所指日期。"六月上甲"指的是在六月中所遇到的第一个甲日,"仲丁"指某月中的第二个丁日。余类推。《尚书》中也有类似记述。如"先甲三日""后甲三日""先庚三日""后庚三日"等。"先甲三日"就是在逢甲日的前三天。《尚书·益稷》云:"禹娶涂山,辛壬癸甲。"这是说大禹娶涂山氏为妻,只过了辛、壬、癸、甲共四天,就离开妻子又去治水了。

至于用地支纪日,出现得可能晚一些,应用次数也少一些。《礼记·檀弓》中有"子卯不乐",意思是每逢子日或卯日不得奏乐或歌舞。顾炎武在《日知录·用日干支》中又说"秦汉以下,纪日始多用支",如"午祖、戌腊、三月上巳祓除及正月刚卯之类是也"。为什么纪日又用地支呢?东汉时期学者蔡邕在《月令章句》一文中说:"日,干也;辰,支也。有事于天用干,有事于地用长(支)。"将顾、蔡两人之说综合,可作这样理解:秦汉以下,从纪日用干派生出纪日用支,二者各有特点。凡记人间的事一般用地支纪日。上面说的"祖"指祭祀祖先,"腊"指岁末的大祭,"祓除"是指人们去水边洗去不洁之物,都是人间的事,所以用地支午、戌、巳来纪日。

第三种是用天干和地支组合成的60组复合名称纪日。这种纪日法,是上古人们纪日的主要方法。出土的甲骨卜辞中有干支纪日。最早的一片是商朝武丁帝王时期的,上面刻有"乙酉夕月有食",意思是在乙酉日的黄昏时发生了月食。经过推算可知,这片甲骨距今

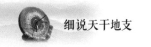

已超过3200年。在河南省安阳市附近还出土一片甲骨，上面刻有完整的甲子表。经郭沫若先生考证，确认它是由天干地支组成的60组复合名称，是殷商时期的上层贵族用来纪日的。

（二）天干最早也用于帝王纪名

天干地支最早曾用于记帝王之名，其次是记奴隶主之名，只用天干，不用地支。若再细加究考，就会发觉给人记名在当时类似间接的纪日法，因为人名大多是据其生日或卒日命定的。

我国第九个五年计划有一个重点科研项目叫夏商周断代工程，其研究成果已经在多年以前公布了，并编制出了《夏商周年表》。根据这个年表可以确定：夏朝约为公元前2070—公元前1600年，商朝为公元前1600—公元前1046年。这两个朝代的帝王大多是以天干命名的。

夏朝帝王以天干命名的有孔甲、履癸（即夏桀王）。有人认为，禹、启两人以下的帝王有名太康、仲康、少康的，实际上就是太庚、仲庚、少庚。

商朝的始祖是微子。他开始以天干命名，自名上甲。甲骨文中称他为"上报甲"或"报甲"。微子之后的汤是商王朝的建立者，历史上称他为太乙、大乙、天乙、高祖乙。从汤开始，商殷朝共有31位帝王，递相以天干命名，其名称依序是：

太乙（汤）—太丁—外丙—中壬—太甲—沃丁—太庚—小甲—雍己—太戊—中丁—外壬—河亶甲—祖乙—祖辛—沃甲—祖丁—南庚—阳甲—盘庚—小辛—小乙—武丁—祖庚—祖甲—廪辛—康丁—武乙—文丁—帝乙—帝辛。

上述31位帝王名字除"癸"没被应用外，十天干中的其他九字全被用上了。仅用十天干当然会重复。为有所区别，就在天干之前再加上"太""中""小""文""武""帝""祖"等字。上述名字中，用"甲"的有太甲、小甲、河亶甲、阳甲、祖甲五个，用"乙"的有太乙、祖乙、小乙、武乙、帝乙五个。

商殷帝王有不少本来就有自己的名字，如上甲是微子，太乙原名"成汤"，外丙原名"胜"。为什么又和后来的其他帝王一样，再次以天干给命名呢？其他后来帝王为什么又总是以天干命名呢？总的不外两种说法，即生日说和卒日说。

首先，生日说。唐朝司马贞的《史记索隐》云："微子上甲，其母以甲日生故也。商朝生子以日为名，盖自微始。"微子并不在上述31个帝王之列，他是始祖，由于是逢甲之日出生，就给命名上甲。"盖自微始"指以后的31位帝王也相继以出生之日的天干命名。

其次，卒日说。指以人死去的那一天的天干名称给命名。帝王死后，祭祀的人们为避讳，不提其原名，而以死者死去的那天干支名称其名。

以上两种不管哪一种说法符合实际情况，都不影响我们认定：夏朝和商朝帝王以天干为名属于天干纪日的间接应用。

商朝的后期称殷。殷朝的奴隶主也有以天干命名的。郭沫若著《中国古代社会研究》一书中《卜辞中的古代社会》指出，殷朝就有祖日乙、祖日丁、祖日庚、父日癸、父日壬、兄日戊、大兄日乙等名字。经考证，这是当时奴隶主的名字。日丁、日乙、日癸之类均是表明其出生之日的。

夏朝、商朝之后，随着人口的繁衍和文化的发展，人的名字也开始复杂了，大多以姓氏为依据，以天干命名的习俗逐渐被淘汰。

（三）组成复合名称后被广泛应用

天干和地支固然可以单独应用，但绝大多数是两者相互组成复合名称而加以应用。那么，天干和地支是怎样组合的呢？

第 1 轮的组合是从天干的"甲"和地支的"子"开始的，依序组合成甲子、乙丑、丙寅、丁卯、戊辰、己巳、庚午、辛未、壬申、癸酉。组合后地支还剩下"戌""亥"二字。天干地支的第 2 轮组合就从"甲戌"开始，依序组合，至癸未止。地支剩下了"申""酉""戌""亥"四字。天干地支第 3 轮组合就从"甲申"开始，至"癸巳"止。地支剩下"午""未""申""酉""戌""亥"六字。天干地支第 4 轮组合就从"甲午"开始，至"癸卯"止。地支剩下了"辰""巳""午""未""申""酉""戌""亥"八字。天干地支第 5 轮组合就从"甲辰"开始，至"癸丑"止，地支剩下了"子丑"之后的 10 个字。天干地支的第 6 轮组合就从"子丑"之后的寅开始，组成"甲寅"，至"癸亥"终。这时，天干和地支还可继续组合下去，但又需从"甲子"开始，依序组合就又重复了。这就是说，天干地支经过了几轮组合，可组合成 60 组不同的名称，如下列六十甲子表。

六十甲子表

1 甲子	2 乙丑	3 丙寅	4 丁卯	5 戊辰	6 己巳	7 庚午	8 辛未	9 壬申	10 癸酉
11 甲戌	12 乙亥	13 丙子	14 丁丑	15 戊寅	16 己卯	17 庚辰	18 辛巳	19 壬午	20 癸未
21 甲申	22 乙酉	23 丙戌	24 丁亥	25 戊子	26 己丑	27 庚寅	28 辛卯	29 壬辰	30 癸巳
31 甲午	32 乙未	33 丙申	34 丁酉	35 戊戌	36 己亥	37 庚子	38 辛丑	39 壬寅	40 癸卯
41 甲辰	42 乙巳	43 丙午	44 丁未	45 戊申	46 己酉	47 庚戌	48 辛亥	49 壬子	50 癸丑
51 甲寅	52 乙卯	53 丙辰	54 丁巳	55 戊午	56 己未	57 庚申	58 辛酉	59 壬戌	60 癸亥

　　以上说的是干支对应组合，其应用最为广泛。干支还有另外的组合形式，如以天干为主的综合性组合或以地支为主的综合性组合。以天干为主的有六甲、六壬等。六甲指甲子、甲戌、甲申、甲午、甲辰、甲寅，我国古代星象学上就划分有六甲星座。六壬指壬申、壬午、壬寅、壬辰、壬子、壬戌，这是古代占卜的一种方法。以地支为主的综合性组合有五子、五辰等。五子指甲子、丙子、戊子、庚子、壬子，这原和《易经》有关，后来，就据此有了五子登科的说法。另外，地支系列中也有组合，例如子和午就成为固定词组，有子午线、子午花、子午谷、子午流注。像上述这类干支组合基本上和纪年纪月纪时无关。

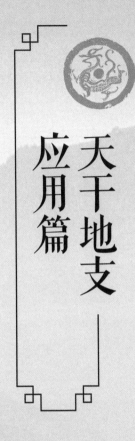

天干地支——应用篇

一、天干地支用于历法

（一）干支在历法中纵横交错

在本书综述篇已论定干支是我国历法的骨干并略有阐释。这里讲干支在我国的阴阳合历中纵横交织、以纵带横的复杂微妙的情况。

在具体讲述我国历法的主要骨干——干支之前，需先行说一说什么是历法以及历法的种类。

历法是根据太阳、地球、月亮三者相互运动的规律来判别季节、记载时日、确定计时标准的法则。历法属于自然科学。古代的历法一般包括年、月、日的配合，岁首和节气的确定，日月的运行推算等。随着科学技术的发展，现代历法日趋精细，更有利于协调历日周期和天文周期的关系。

不同时代、国家和民族，人们所制定的计时系统也有所不同，这就形成了各种不同的历法。概括而言，古今中外的历法一般可归纳为三大类：阳历、阴历和阴阳合历。

阳历以太阳的运行规律为制定依据，每年约 365.2422 日，也就是一个回归年。我国现用的公元纪年法就属于阳历。阴历以月亮的运行规律为制定依据，规定全年为 12 个朔望月，共 354 天，每 30

年中有 11 个闰年。亚洲西部、非洲北部的人们在平时生产、生活中都用阴历，而在国家的政治生活中大多应用阳历。

这里重点要说的是阴阳合历。它同时以太阳和月亮的运行规律为制历依据，年的平均值大致同于回归年，月的平均值大致同于朔望月。平年 12 个月，全年 354 或 355 天。与回归年相比，约少 10 日 21 小时。由于每过 3 年就会少 32 天多，就用加进闰月的办法来消除误差。3 年一闰，5 年两闰，19 年 7 闰。闰年是 13 个月，全年 384 或 385 日。我国民间现在应用的农历就是典型的阴阳合历。

农历的前身叫夏历，它是春秋时期制定的历法，在我国流传近 3000 年。清朝灭亡，中华民国建立，才正式应用阳历，夏历遂退出政治舞台，转入民间，后来就改名为农历了。

我国从原始的历法到形成有文字记述的历法经历了一个漫长的过程。夏朝的《夏小正》规定每年 12 个月，商殷朝实行干支纪日，周朝实行闰月制。这些奠定了以干支为标志的历法基础。从汉朝至明清时期，历法经历了近百次的改革。得到实行的历法主要有汉朝太初历、三国两晋时期景初历、隋唐时期大衍历、元朝授时历、清朝时宪历等，还有至今还沿袭应用的农历，可以说都属于阴阳合历，都应用天干地支纪法来表述时间概念。有人曾说，天干地支是维系我国三千多年历法的一条主线，这话有一定道理。

若细加推敲，就会领悟到干支不单纯是我国历法中的一条主线，它还拓展到我国历法的诸多方面。下面择要记述。

我国的历史上不论哪一种历法都应用干支纪年纪日。在民间还长期流行用干支纪月。至于干支纪时，官方和民间都一直在应用中。可以说，干支基本上统摄历史上年、月、日、时纪法。

先秦时期，我国出现多种不同的历法，其中主要有周历、殷历、夏历、颛顼历。这四种历法并非鱼贯一线，而基本上平行并列，同时在不同区域实行，它们之间最大的区别就是岁首异建，也就是所确定的每年的开端不相同。颛顼历以建亥之月为岁首，也就是以农历十月为岁首；周历以建子之月为岁首，也就是以农历十一月为岁首；殷历以建丑之月即农历十二月为岁首；夏历以建寅之月即农历正月为岁首。这可看出，亥、子、丑、寅在同一历史时期内成了不同历法岁首的标志。

中华大地自汉朝以后，多次出现分裂局面。三国时期也好，南北朝时期也好，有的所用历法不同，有的虽用同一种历法，然而所确定的大小月及置闰年月又有所不同，但都还应用干支纪法。

我国民间出现一些杂历，如三伏天、入梅、出梅及社日，也都以干支作为准则来确定。

值得注意的是，清朝后期太平天国曾制定天历。天历是阳历，与传统的阴阳合历有明显区别，但天历使用序数纪日也配合干支纪日，可见干支对我国历法影响之深远。

（二）用于物候历法

物候历法就是根据物的候应而制定的历法。这种历法以自然界动物或植物随着环境周期变化而发生的各种有特征的现象作为制定的依据，是远古时期的人们在生产和生活实践中总结出来的。

乍看起来，干支和物候历法似乎没有什么关系。但就地支来说，它和植物的候应还是有一定对应关系的。本书前面已经对地支每字的含义依序作了分析，细心的读者会发现：子对应农历十一月的物候，丑对应农历十二月的物候，寅对应农历正月的物候……为什么"子"一定要对应十一月，而不是对应正月呢？这就涉及物候历法的月建说。

所谓月建，指一年内每个月份所置之辰。因一年有 12 个月份，

故又称十二辰。古人的月建说有两种，一是根据物候所确定的月建，属于物候历法；一是根据北斗星在一年中运行变化规律所确定的月建，属于天象历法。

物候包括植物和动物两大类。植物在一年中发芽、抽叶、开花、结果、枯萎等情况组成物候历法的主要内容；动物方面的有鸿雁和紫燕的迁徙、青蛙的蛰伏、猫狗的发情求偶等，但零星、散乱，难以编缀成全面的合乎情理、科学的系统。

物候历法的月建说确定将地支的子对应农历十一月，这可以从《说文解字》找出解释。该书扣住一年之中植物的生长变化，还扣住阴阳二气在各月份的变化来确定月建。对"子"的解释是"万物滋"，即植物开始滋荣于地下，所以定农历十一月为建子之月。对"丑"的解释是"万物动"，即植物种子在地下开始萌动，所以农历十二月为建丑之月。接下来，对"寅"的解释是万物"去黄泉欲上出"，所以农历正月为建寅之月。对"卯"的解释是"万物冒地而出"，对辰的解释是"雷电震，民农时也"，对酉的解释是"八月黍成可为酎酒"。对亥的解释是"万物毕成"，也就是各种农作物都已收获入仓，树叶凋落，草木枯萎。

从《说文解字》的有关解释可看出：从建子之月到建亥之月，也就是从农历十一月到来年的十月，十二地支都是紧扣植物的候应来确立月建的，因此说十二地支和物候历法是相关联的。

（三）用于天象历法

天象历法是根据天体视运动的规律性现象而制定的历法，它比物候历法更为精确，也是古代人们在时空观念上的一次飞跃。

天象本指天体运动所显示的现象，主要是指日月星辰运动所显示的现象。干支和天象历法的联系，主要就地支和星象的联系而言。

这里重点阐述斗建说和太岁纪年法。这两者的区别在于斗建说明十二地支纪月，太岁纪年法是用十二地支纪年。

斗建是指以北斗星的斗柄在黄昏时所指示的方向而确定月份的设置。斗建也叫月建，它和《说文解字》中所记载的确定月建的方法及次序都相同，都以十二地支给月建依序命名。所不同的是，斗建是根据天象，《说文解字》的记载是根据植物候应。

在正北方的天空有一颗很亮很亮的星叫北极星。北极星正处于地球的中轴线上，因此看上去它似乎长期不动。在北极星附近区域中，有一组星叫北斗星，又名北斗七星。星名分别叫天枢、天璇、天玑、天权、玉衡、开阳、摇光。前四颗星拱合为斗状，后三颗排列成曲线，像个斗柄。民间俗称勺子星，意思是七颗星排列组成的形状像盛饭的勺子。

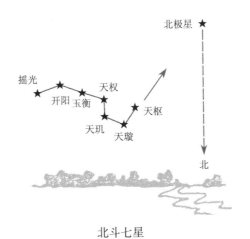

北斗七星

北斗星是转动的，它围绕北极星每年转动一周，古人就把它转动一周形成的圆面划分为 12 等份，并以十二地支为其命名，分别指代 12 个月份，用以纪月。这方面的具体情况可参看本书"天干地支用于古代天文学说"中的有关部分，这里从略。

太岁纪年法较为艰深，说它属于天象历法也有些牵强附会。

古代天文学家发现岁星（现今称为木星）绕太阳运行的周期约为 12 年，并以之纪年。将它的运转周期划为 12 等份，并分别给以命名：星纪、玄枵、娵訾、降娄、大梁、实沈、鹑首、鹑火、鹑尾、寿星、大火、析木。如岁星运行到析木区，就定为"岁在析木"。但岁星是自西向东绕行，与太阳逆向运转，人们很不习惯，况且 12 个年名也难以形成系统的年序。于是，人们假想出了一个岁星，使它从东向西运转，并以十二地支给以命名。为有所区别，就称之为太岁星，并有了子年、丑年、寅年等名称。太岁纪年法与原来的岁星纪年法的逆向运转情况及十二年的名称对应关系见下图。

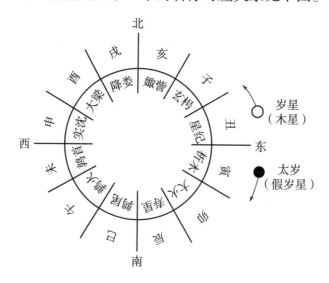

岁星与太岁关系示意图

假想的太岁星有几个不同的名称：汉朝刘向《淮南子·天文训》中称太阴纪年，《史记·天官书》中叫岁阴，西汉武帝颁行的《太初历》中称之为太岁纪年，东汉班固《汉书·天文志》中称之为太岁。总之，太阴、岁阴、太岁，指的都是这颗假想的用以纪年的星。

使用十二地支名称代指太岁星所在的方位并以之纪年的例子不少。这里列举《史记·货殖列传》中一例。传中说："白圭，周人也。当魏文侯时，乐观时变。太阴在卯，穰；明岁衰恶。至午，旱；明岁美。至酉，穰；明岁衰恶。至子，大旱；明岁美，有水。至卯，积著率岁倍。"从"太阴在卯"到"至卯"共经历12年整。这段话说的是出生在周地的白圭这个人，在太岁星运行的12年间所观察到或所揣度出的时变情况。

（四）用于民间杂历

除了端午、中秋、重阳等为众人所熟知的传统节日外，我国民间还有很多这样那样的传统节日，可以统称为杂节。有的书将它们称为杂历或小历。这些杂节产生的原因是多方面的，形成的时间有早有晚，制定的依据也不相同。但其中有不少是以纪日干支为依据而确定的。下面就数伏、入梅、出梅、社日、上巳等分别加以说明。

1. 数伏

"伏"的原意是藏匿。盛夏酷暑季节，人们为了避开曝晒和炙烤，躲在家中或荫凉之处，所以热天又被称为伏天。伏天有始日，也有终日，中间还要数伏，即分出头伏、二伏、三伏。那么，伏天是根据什么确立的呢？古人早就概括出与天干相关的划分三伏的方法：夏至三庚数头伏，四庚为二伏，秋后一庚为三伏。

"庚"就是逢庚之日。干支共同组合成的60组不同名称中，天干为庚的有庚午、庚辰、庚寅、庚子、庚戌、庚申这6个名称。若用干支纪日，每隔10天就会出现1个逢庚之日。

夏至是我国二十四节气中的一个节气，一般居于阳历的6月21日或22日。夏至以后就进入暑热的时期。

"夏至三庚数头伏"，是说夏至之后的第3个庚日进入头伏（也

叫"初伏"），这究竟指向哪一日在各年是不同的。由于阳历和农历每年的总日数都不是 10 的整倍数，就使得各年的庚日都经常浮动。但有一点可以确定：夏至后的第 3 个庚日都在阳历的 7 月 10 日以后。下面是作者推算并整理的 2018—2027 年三伏日期表。

2018—2027 年三伏日期表

伏天 日期 年份	头伏（初伏）始日		二伏（中伏）始日			三伏（末伏）始日	
	夏至后第 3 个庚日		夏至后第 4 个庚日			立秋后第 1 个庚日	
	名称	日期	名称	日期	天数	名称	日期
2018 年	庚戌	7 月 17 日	庚申	7 月 27 日	20 天	庚寅	8 月 16 日
2019 年	庚戌	7 月 12 日	庚申	7 月 22 日	20 天	庚辰	8 月 11 日
2020 年	庚申	7 月 16 日	庚午	7 月 26 日	20 天	庚寅	8 月 15 日
2021 年	庚申	7 月 11 日	庚午	7 月 21 日	20 天	庚寅	8 月 10 日
2022 年	庚午	7 月 16 日	庚辰	7 月 26 日	20 天	庚子	8 月 15 日
2023 年	庚午	7 月 11 日	庚辰	7 月 21 日	20 天	庚子	8 月 10 日
2024 年	庚辰	7 月 15 日	庚寅	7 月 25 日	20 天	庚戌	8 月 14 日
2025 年	庚寅	7 月 20 日	庚子	7 月 30 日	10 天	庚戌	8 月 9 日
2026 年	庚寅	7 月 15 日	庚子	7 月 25 日	20 天	庚申	8 月 14 日
2027 年	庚子	7 月 20 日	庚戌	7 月 30 日	10 天	庚申	8 月 9 日

从上面日期可以看出：作为入伏标志的庚日浮动幅度是很大的。离夏至最近的可以是 7 月 11 日，最远的可以是 7 月 20 日，两者之间，相差 9 日。

四庚为二伏，即指夏至后的第 4 个庚日是二伏首日；"秋后一庚为三伏"，是说在立秋这个节气之后的第 1 个庚日就是三伏的始日，到下一个庚日时即"出伏"，三伏结束。两个庚日之间相距 10 日，所以头伏是 10 日，三伏也是 10 日。唯有二伏情况特殊。

按制定的原则看，"夏至五庚"就该是三伏，但实际情况不是这样死板的，还要看是否符合"秋后一庚为三伏"的原则。如果夏至后的第 5 个庚日处于立秋节气之后，就可视为三伏始日，如果居于立秋节气之前，则不能视为三伏始日，应以夏至后的第 6 个庚日作为三伏始日。所以，二伏有时含 10 天，但有时可以含 20 天。立秋这个节气一般居于阳历的 8 月 7 日或 8 日。在此之后的一个庚日为三伏始日，这就是民间所说的"秋后加一伏"的意思。

2. 入梅、出梅

入梅和出梅，又叫入霉和出霉，指的是梅雨季节的始日和末日。这是江淮地区的人们较为重视的杂节。每年阳历的 6 月至 7 月，正是梅子黄熟的季节。这段时期内出现的连绵阴雨被称为黄梅雨。因梅雨易使庄稼沤烂，房屋受损，家具以及其他东西霉变，所以黄梅雨又被称为霉雨。

入梅、出梅日期根据什么确定呢？也是根据纪日干支。由于地域不同，所依据的纪日天干也不同。浙江一带以立夏节气后的逢庚之日为入梅，芒种节气后逢壬之日为出梅。江苏、安徽一带比这要晚，一般以芒种后逢丙之日为入梅，小暑后逢未之日为出梅。这和数伏的有关规定一样，也是灵活浮动的。同是芒种当天的干支纪日，2018 年是己巳，2019 年是甲戌，2020 年是己卯，2021 年是甲申，2022 年是庚寅，5 年间都不相同，当然这 5 年间的入梅日期也就不会相同。下面是作者推算并整理的 2021—2030 年江淮地区入梅、出梅日期表。

2021—2030 年江淮地区入梅、出梅日期表

梅日期 / 年份	入梅			出梅		
	芒种始日	逢丙干支	入梅始日	小暑始日	逢未干支	出梅之日
2021 年	6 月 5 日	丙戌	6 月 7 日	7 月 7 日	己未	7 月 10 日
2022 年	6 月 6 日	丙申	6 月 12 日	7 月 7 日	辛未	7 月 17 日
2023 年	6 月 6 日	丙申	6 月 7 日	7 月 7 日	辛未	7 月 12 日

续表

年份 \ 日期	入梅			出梅		
	芒种始日	逢丙干支	入梅始日	小暑始日	逢未干支	出梅之日
2024年	6月5日	丙午	6月11日	7月6日	癸未	7月18日
2025年	6月5日	丙午	6月6日	7月7日	癸未	7月13日
2026年	6月5日	丙辰	6月11日	7月7日	癸未	7月8日
2027年	6月6日	丙寅	6月16日	7月7日	乙未	7月15日
2028年	6月5日	丙寅	6月10日	7月6日	乙未	7月9日
2029年	6月5日	丙子	6月15日	7月7日	丁未	7月16日
2030年	6月5日	丙子	6月10日	7月7日	丁未	7月11日

3. 社日

从造字法看，"社"是一个会意字。左边"礻"属于象形字，原字形为"示"，形似一个三条腿的案子上放着一块当作祭品的肉。右边的"土"指的是土地神。所以说，"社"的原始意义就是祭祀土地神。至于其他意义，都是后来引申出来的。

在封建社会里，人们认为土地神能保佑一方平安、促使五谷丰登，给人们带来福祉吉祥，所以要祭祀。祭祀要在一定的日子举行，所以祭祀之日就称为社日。

每到社日，村人们都集合起来，去土地庙烧香、放鞭炮、供祭品，还要敲锣打鼓、唱戏、玩杂技，再加上其他方面的集市贸易，显得热闹非凡。晚唐诗人王驾有诗写社日云："桑柘影斜春社散，家家扶得醉人归。"意思是：太阳西沉，社日活动结束了。跟随长辈一同在土地庙附近玩赏了一天的年轻人或孩子们，都搀扶着自己家醉了的老人往家走。像这样热闹的社日活动一直绵延到近代，鲁迅先生的小说《故乡》就写到社日唱戏的事儿。

社日祭祀活动由来已久。汉朝以前，只在春天有社日，汉朝以后，就增加了秋社。那么春秋社日是怎样确定的呢？春社日定在当年立春后的第 5 个戊日，秋社日定在当年立秋后的第 5 个戊日。"戊"在十天干中居第五位。由于夏历（农历）全年天数不是 10 的整倍数，而且有时设置闰月，所以春社、秋社日不仅无固定日期，有时就连所居月份也有变动。

4. 上巳日

"巳"在十二地支中居第六位，上巳日指夏历（农历）每年三月内的第 1 个逢巳之日。这要根据当年的纪日干支来确定，不可能有固定不变的日期。

上巳日是古人游玩之日，类似后来到郊外踏青的清明节，所不同的是，上巳日是到有水的地方去玩。晋代大书法家王羲之《兰亭集序》说："暮春之初，会于会稽山阴之兰亭，修禊事也。"修禊（音 xì），是一种消除不洁或不吉利的祭礼。古人风俗，在农历三月上旬的巳日（也可以说是三月的第 1 个巳日），临水而祭，作些祷告，以驱除不祥。后来，"修禊"就演变为上巳日到水边嬉戏游玩的活动，以驱除不祥，焕发神采。唐朝以来，把上巳日改为三月三日，形成固定日期，杜甫《丽人行》诗中写道："三月三日天气新，长安水边多丽人。"这时，上巳日就已经变成了春游之日，此后上巳日临水而祭的习俗基本不见了。

（五）用于历法变革

我国自春秋时期以来，历法变革极为频繁。其中有不少变革就涉及干支的应用、废止等。现以历史朝代为顺序，撮要记述如下：

1. 春秋时期的岁首异建

春秋时期，周王朝的统治日趋崩溃。诸侯国林立，在不同的地域内同时使用着几种历法。这些历法都属于阴阳合历，都有设置闰月的规定，每年所含的天数也几乎都相同，所不同的是岁首异建，即一年中第一个月所用月份不同。具体说来，如前所述，周历以建子之月（农历十一月）为岁首，殷历以建丑之月（农历十二月）为岁首，夏历以建寅之月（农历正月）为岁首。待秦始皇统一六国，颁行颛顼历时，又以建亥之月为岁首。一般来说，岁首之月称为正月，对周历、殷历、夏历来说均如此。唯有颛顼历特殊，它虽以建亥之月为岁首，仍称建亥之月为十月，其一年各月份名称的顺序是十月、十一月、十二月、端月、二月、三月、四月、五月、六月、七月、八月、九月，闰月置年末，称后九月。西汉武帝实行历法改革，恢复夏历，仍以建寅之月为岁首。颛顼历从此被废止。

2. 王莽篡汉使用干支组合的名称纪月

西汉末年，王莽篡汉，自立新朝，年号初用"始建国"，后来用"地皇"等。王莽下令改用殷历，以夏历的十一月为正月，又令用干支组成的复合名称纪月。在此之前，历史纪年中所记月份，都是以序数"一""二""三""四"等记述的，很少用干支复合名称。而王莽令用干支复合名称"甲子""乙丑""丙寅""丁卯"等表述月份，就和纪日所用干支复合名称相同，显得烦琐、重复，容易混淆或出现错误，因此难以付诸实施，在当时也很少有人应用。王莽篡汉自立不足15年，此后官方历史纪月中再也没有使用过干支复合名称，而民间却流传了下来。

3. 东汉废太岁纪年法，推行干支纪年法

以天体视运动规律为制定依据的太岁纪年法初以十二地支循环纪年，显得周期太短，易于重复。就有人制定岁阳、岁阴名称并使两者配合，从而形成60组不同名称以之纪年。这样周期固然长了，但岁阳、岁阴名称深奥难解，如"阏逢摄提格"相当于干支历法的甲寅年，"屠维大渊献"相当于干支历法的己亥年。两相比较，岁阴岁阳法烦琐难记，干支历法简明易记。于是，干支纪年法应运而兴起。东汉时期，光武帝刘秀倡行干支纪年法。延至汉章帝元和二年（85年），下令在全国范围内民间实行干支纪年，这标志着属于天象历法的太岁纪年法已逐渐被淘汰。

4. 唐朝肃宗实行十二辰纪月法

唐朝肃宗李亨在位共7年，于上元二年（761年）九月废夏历，改用周历。以建子之月为岁首，"月皆以所建为数"，也就是用十二辰纪月法。司马光主编的《资治通鉴》对肃宗上元二年记事月份的排列是：

上元二年十月

建子月（夏历十一月）

建寅月（夏历正月）

建卯月（夏历二月）

建辰月（夏历三月）

建巳月（夏历四月）

在建巳月以后又恢复夏历，使用序数纪月法。这次改历共实行了6个多月，也是我国正统的历史纪年中唯一使用十二辰纪月的阶段。

5. 太平天国时期对十二地支用字进行调换

1851年，洪秀全领导的农民起义军打败清王朝的守军，攻占南京

城，建立太平天国，接着就制定新历法，称作《天历》。《天历》一年为366日，是纯阳历历法，而且也应用二十四节气。用序数纪日的同时，也用干支组成的名称纪日。但对十二地支用字进行部分调换，将"丑"换为"好"，将"卯"换为"荣"，将"亥"换为"开"。这三个字是有意识地改动的，也许是为了求得吉利昌盛。《天历》只在长江流域实行了十多年，太平天国灭亡后，民间又恢复了十二地支的传统用字。

6.民国时期从政治生活中废除干支纪日法

清朝政府颁行政令用年号纪年法和干支纪日法，文人雅士属文赋诗也主要用干支纪日，很少用序数纪日，例如姚鼐《登泰山记》一文说"是月丁未"，这里的"丁未"是用干支纪日。而民间则逐渐习惯于用"一""二""三""四"的序数纪日，很少用干支纪日了。鉴于这种实际情况，有些文人或有些政令式文章在纪日时使用复合式纪日法，既用干支又用序数，如将"十月初三"写成"十月初三己酉"。尽管情况不一，但可以肯定清朝主要用干支纪日。

1911年，辛亥革命推翻清朝政府。1912年建立中华民国，实行开国纪年法，采用阳历。阳历都是用序数纪月纪日的。当时的政治生活中不再应用传统的夏历，干支纪日法也就随之被废除了，但它并没有消失，一直在民间流传下来。

（六）用于少数民族历法

我国是多民族的国家，其中汉族人口最多、历史最悠久，其思想、信仰、文化习俗等必然要对其他民族产生一些影响。

汉族最早制定历法并将干支知识应用于历法，这也必然会对其他少数民族历法有深刻影响。下面谈谈几个少数民族与干支有所关联的历法。

1. 藏历确定 60 年为 1 个周期

唐朝贞观十五年（641 年），唐太宗把文成公主嫁给吐蕃（今西藏自治区）王松赞干布为妻，此后中原地区的文化对西藏产生很大影响。藏族历法在纪年方面仿照干支纪年法得到了改进。

藏历一年也是 12 个朔望月，也以建寅之月为岁首，有时有闰月，和我国现行农历大体相同。在纪年方面以五行代替十天干，以十二生肖代替十二地支。两者组合起来，也会出现 60 组不同名称，例如，干支的甲子年在藏历中是阳水鼠年，乙丑年是阴木牛年，丙寅年是阳火虎年，丁卯年是阴火兔年，其余依序类推。

2. 傣历应用干支纪年法

居住在云南省境内的傣族有自己的历法。傣历和农历大体相同，一年也是 12 个朔望月，也是 19 年设 7 个闰月。傣历采用干支纪年，并且与农历的干支纪年一致。例如，公元 2000 年，农历是庚辰年，傣历也是庚辰年。

3. 水历用十二地支纪日

水历是居住在贵州省境内和广西壮族自治区北部的水族人应用的历法。水历全年 12 个朔望月，以十二地支轮流纪日。由于水族无闰年闰月，所以，水历的岁首是浮动的。水族人将水历九月的第 1 个亥日作为端节。端节就像农历春节，是过年的喜庆日子。

4. 苗族人有的以十二地支纪日

苗族人散居于云南、贵州、广东、广西、湖南等省（自治区），

没有自己特定的历法，多随当地汉族使用农历。但大部分苗族人有特定的年节。年节同于农历的春节，它既没有固定不变的日期，各地苗族人所定日期也不一致，一般定在农历十月的亥日、卯日或丑日举行，而不用寅日（因为"寅"五行属木，生肖属虎）。这就可看出苗族人也有用十二地支纪日的习俗。

（七）用于历书

历书主要内容是记述一年内月日的详细情况。我国现存最早的历书是唐朝僖宗时期刻印的《中和二年历书》。中和二年为公元882年，距今已有1100多年了。

古代历书在编好后首先供皇帝阅览审定，然后加以修改颁行，所以历书又名"皇历"。

早期的历书内容较单纯，后来加进了月令及说明每月宜办的农事，后来又增加许多种历注内容，主要有干支纪法、阴阳五行和28宿，还有日期的吉凶宜忌等。

历书的开始部分称历头。每年的历头内容都有固定框架，如几龙治水、几牛耕田、几人分饼、几日得辛等。这些内容曾使得多少人迷惑不解。其实，它们都和干支知识有密切关系，说得具体一些就是与当年农历正月十二日以前的干支纪日有密切关系。下面分别加以说明。

（1）几龙治水与地支"辰"字有关系。近两千年来，我国民间习惯于把十二地支和人的十二生肖相对应，对应的规则是：子鼠、丑牛、寅虎、卯兔、辰龙、巳蛇、午马、未羊、申猴、酉鸡、戌狗、亥猪。由此可见，龙所对应的地支是辰。要确定当年几龙治水，就要看正月十二日之前哪一天的纪日干支逢辰。初一逢辰就是一龙治水，初二逢辰就是二龙治水，初三逢辰就是三龙治水……十二日逢辰就是十二龙治水。农历戊戌年（2018年）正月初二的纪日干支是庚辰，据此可推定，农历这一年是"二龙治水"。

（2）几牛耕田与地支"丑"字有关系。传统对应方法是将地支丑和十二生肖的牛相对应。历头上所说"几牛耕田"是根据纪日干支逢丑的当天日期序数推定的。在农历正月十二日之前的纪日干支中，初一逢丑就是一牛耕田，初二逢丑就是二牛耕田，初三逢丑就是三牛耕田。余类推。在公历2018年，农历戊戌年正月十一的纪日干支是己丑，据此可推定，这一年是"十一牛耕田"。

（3）几人分饼和天干"丙"字有关系。"饼"为"丙"的谐音字，农历当年正月初十之前的纪日干支第几天逢丙就是几人分饼。初三逢丙就是三人分饼，初十逢丙就是十人分饼。公历2018年，农历戊戌年正月初八的纪日干支是丙戌，据此可推定，这一年是"八人分饼"。

（4）几日得辛和天干"辛"字有关系。农历当年正月初十之前的纪日干支第几天逢辛就是几日得辛。初五逢辛就是五日得辛、初十逢辛就是十日得辛。公历2018年，农历戊戌年正月初三的纪日干支是辛巳，据此推定，这一年是"三日得辛"。那么，"得辛"是什么意思呢？古人把天干地支和阴阳五行相对应：甲乙为木、丙丁为火、戊巳为土、庚辛为金、壬癸为水。由此可见，辛和金是相对应的，"得辛"就是"得金"的意思，历书编制者为迎合大众追求富裕的心理，编入"得辛"内容。做生意的人在春节过后很注意"得辛"之日，如"五日得辛"，就是年初五开张做生意能赚大钱。这自然是迷信思想。

二、天干地支用于纪年法

（一）历法和纪年法的主要区别

干支既能用于历法，也能用于纪年法。历法和纪年法虽有共同之处，但两者还是有些区别的。以下简要谈几点。

（1）功能区别：历法主要是制定计时系统的法则。纪年法则记录计时系统中累计情况，它朝着一个方向循序前进，记录年次。

（2）学科区别：历法主要是根据太阳、月亮、地球三者的运动规律而制定法则，属于自然科学范畴。纪年法除了早期根据星辰变化规律纪年之外，绝大多数都是根据社会上的特征性事物和人们的主观意愿确定的，基本上属于社会科学范畴。简言之，历法属于天文，纪年法属于人文。

（3）所包括的种类区别：历法只有阳历、阴历、阴阳合历三种，古今中外，概莫能超乎此。而纪年法随着历史的进展、社会的进步、宗教的信仰、习俗的流变，出现了很多种。我国自古及今就已出现20多种纪年法，干支纪年法也仅是其中的一种。

（4）应用范围区别：历法与人们的生产、生活密切相关，应用范围相当广泛，像春节、除夕、立春、冬至等可以说为城乡共识、妇孺皆知。而纪年法在古代仅为一部分人专用，还有一些纪年法至今也不为普通人所了解，更谈不上应用了。

尽管有上述诸方面的区别，但历法和纪年法还是有密不可分的联系的。首先，纪年法是在历法基础上产生和发展的。其次，一定的纪年法只适用于一定的历法，如公元纪年法适用于阳历，回历纪年法适用于阴历，干支纪年法只适用于阴阳合历（例如农历）。再者，一种历法又可产生多种纪年法。我国从汉朝武帝颁行夏历至清末近两千年间所制定的纪年法，基本上都属于阴阳合历。中华人民共和国成立后，实行的公元纪年法则属于阳历。

（二）我国用干支纪年由来已久

纪年法就是依序记录年代的方法。我国几千年来所应用的纪年法不下 20 种，而应用于记载历史、颁行政令和文告的纪年法主要有 4 种，包括：秦朝及其以前所应用的王位纪年法，汉朝以来至清朝末年所应用的年号纪年法，民国时期所应用的开国纪年法，中华人民共和国成立后所应用的公元纪年法。

天干和地支用于纪年由来已久，但这种方法基本上都是在民间流传，未曾正式登上政治舞台。我国用干支纪年有两千多年的历史，大致可分为以下四个阶段。

（1）早在战国时期，我国就有人用干支纪年了。湖南省马王堆汉墓出土的战国帛书可以为证。西汉初期《淮南子·天文训》正式用干支纪年，其中说："淮南元年，太乙（即太岁星）在丙子。"

（2）东汉章帝元和二年（85 年），以诏书形式在全国民间颁行干支纪年。此后，干支纪年法作为历史纪年的辅助手段，一直流传下来。

（3）西晋太康二年（281 年），历史学家对从古墓中盗出的纪年竹简应用干支纪年法加以编校考订，编成《竹书纪年》。这可视为我国最原始的干支纪年编列的学术性年表。后来，北宋时期、南宋时期、清朝康熙年间的史学家都编有以干支纪年为主导年系的年表书或大事记。

（4）清朝末期和民国年间，编出不少历史年表和大事年表，它们以干支纪年法作为第一位的纪年方法，而且纪年的尺度都在四千年以上。其年代上限也各有所据，各持己见，并不统一。有的起自传说中的神农氏元年（公元前 3218 年），有的起自"帝尧元年甲辰"（公元前 2357 年）。傅运森编的《大事年表》、陈庆祺编的《中国大事年表》、史襄哉编的《纪元通谱》都是起自黄帝元年甲子（公元前 2697 年）。

当然，从东汉章帝颁行干支纪年法起，干支纪年法才算在实际的社会生活中被应用。而这以前的都是后人加以逆推编列成文。但总括起来可以说，我国四千多年的历史都可用干支纪年法加以编列而趋于一致，而其他的纪年方法在民国初年以前还不可能做到这一点。

下面要进一步说明的是，纪年法不单纯是只记述年代，广义的纪年法还包含有纪月法、纪日法和纪时法，其中又以纪日法最为重要，也是最早应用干支之处。

干支纪日到殷商时期被正式运用，历经西周、春秋战国、秦汉、三国两晋南北朝、隋唐五代、宋元明清各朝代。在我国历史文献中，纪日所用方法都是干支纪日。现今农历（阴阳合历）中使用序数纪日是在 1911 年的辛亥革命以后才在书面语言中推广开来的。也就是说，从那时起，干支纪日在书面语言中基本消失了。

干支纪时法起自距今约 2100 年的西汉武帝时期颁行的《太初

历》。此历将一昼夜划分为 12 等份，称十二时。用地支给十二时命名，称夜半为子时、鸡鸣为丑时……延至三国两晋时期，有人用干支组合的 60 组名称循环纪时，也是将一昼夜划分为 12 个时段。清朝初期，钟表传入我国，人们开始用序数纪时，干支纪时法逐渐被淘汰。

干支纪月法又称十二辰纪月法，它从古至今一直在民间流传。另外，以 60 组干支名称纪月方法也流传下来，至今都在民俗中被应用着。

综合上述我国干支纪年纪月纪日纪时概况，可以论定：三千多年来，干支一直是我国历法的骨干。

（三）干支纪年换算公元纪年

将干支纪年换算为公元纪年还是比较容易的。中华人民共和国成立以来出版的年表、历表书都以公元纪年为主导年系，并将干支纪年和年号纪年等比附其间，形成并列对照体系，一查即得。另外还可查阅有关工具书，文物出版社 1961 年出版的汤有恩编《公元干支推算表》含有公元推算干支和干支推算公元两大部分，可供查考。

需要注意的是：干支纪年换算公元纪年的情况是复杂的，有的并非可以一查即得。这是因为干支 60 年重复一次，同一个干支名称往往对应多个公元年代，像明朝的洪武元年（1368 年）、宣德三年（1428 年）、弘治元年（1488 年）、嘉靖二十七年（1548 年）、万历三十六年（1608 年）都是戊申年，因此换算时必须先将干支所指具体朝代和具体帝王年号弄清楚。有的干支纪年在书籍或文章中已说明了具体的朝代和帝王年号，有的并没讲清，需辗转查考一番。举几个例子：

（1）需查年号索引。《虞初新志》一书中《核舟记》一文讲核舟刻成于"天启壬戌秋日"。"壬戌"显然是用干支纪年。但"天启"是哪个皇帝使用的年号呢？查阅《中国历史大事年表》一书后的年号索引得知：使用这一年号的帝王共有 5 人，分别出自南北朝、元、明三个朝代。这就有必要弄清《核舟记》作者的生活时代。经查知作者是明朝末年人，据此进一步推知，天启是明熹宗时用的年号。"天启壬戌"为公元 1622 年。

（2）需查作者的生卒年月。宋朝大文学家苏轼写的《前赤壁赋》开头是"壬戌之秋，七月既望"。这里的"壬戌"没有和朝代、帝王、年号相联系，但从查作者生卒年入手，就可得出结论：这是指宋神宗在位期间的壬戌年——公元 1082 年。

（3）需研究古书描述的社会背景。有一本书所记成书的时间是"明朝庚辰五月"，作者又不详。查年表可知，明朝有五个庚辰年，究竟是其中的哪一个，就需认真研究书中所描述的社会背景，从而确定属于哪个帝王执政期间，然后就能判定与这个庚辰年所相应的公元纪年。

（四）公元纪年换算干支纪年

据目前所知，公元纪年换算为干支纪年的方法至少可根据以下 6 种图书查知，且各有特色。

（1）文物出版社 1961 年出版的汤有恩编《公元干支推算表》。该书分公元推算干支、干支推算公元两大部分，前半部分适用于公元换算干支，并将公元前和公元后合为一表，共可查知 6400 年的干支。

（2）江苏科技出版社 1986 年出版的唐汉良编《历书百问百答》。

该书在"干支纪年是怎样计算的"一题中，以公元 4 年是甲子年为基本点，创制出公元推算干支表。此表分公元前和公元后两表，共可推算近 6000 年的干支。陕西科学技术版社 1994 年出版的唐汉良编著的《干支纪法详解》也收录了这种推算方法。

（3）重庆出版社 1982 年出版的《张氏公元万年甲子纪日速算法》。该书中有"年甲子推算法"，应用数学上的加法、减法和除法，注意运用差数、余数，以推算出公元前和公元后的纪年干支。

（4）医药科技出版社 1993 年出版的《子午流注灵龟飞腾八法大全》。该书中有公元推算甲子法，是中医医学理论中的组成部分，也是应用数学的方法将天干和地支分两式推算，然后综合得出干支名称。

（5）工人出版社 1986 年出版的《工会工作手册》。书中有《公元甲子互检表》，此表较为简明，可供查公元前后的干支。

（6）安徽教育出版社 1991 年出版的《我国的纪年纪月纪日法》。该书中有《干支干序倒序表》，此表是作者根据前人的经验编制而成，并用以查找公元前和公元后的纪年干支，所用的是数学计算方法，相当简便。

以上介绍的是公元纪年换算为干支纪年的 6 种图书中的 6 种方法。可以肯定地说，这 6 种方法是各不相同的，却可殊途同归，即准确地将公元纪年换算为干支纪年。

究竟哪一种方法最为简便易行呢？比较而言，可以说是第 5 种、第 6 种，以下对此两者作简要介绍。

《工会工作手册》中的《公元甲子互检表》是个竖排版的表式，内含公元的千位、百位、十位、个位各栏目及楷体字的天干地支各字，还有加圆圈的天干地支各字。见下表。

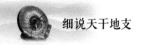
公元甲子互检表

公元的千位、百位			0	1	2	3	4	5	6	7	8	9	个位数的公元
0 3 6 9 12 15 18	1 4 7 10 13 16 19	2 5 8 11 14 17 20	辛(庚)	庚(辛)	己(癸)	戊(癸)	丁(甲)	丙(丙)	乙(丙)	甲(乙)	癸(戊)	壬(己)	天干
公元的十位	0,6	2,8	4	酉(申)	申(酉)	未(戌)	午(亥)	巳(子)	辰(丑)	卯(寅)	寅(卯)	丑(辰)	子(巳)	地支 公元前的甲子查宋体的字 公元后的甲子查带圈的字
	1,7	3,9	5	亥(午)	戌(未)	酉(申)	申(酉)	未(戌)	午(亥)	巳(子)	辰(丑)	卯(寅)	寅(卯)	
	2,8	4	0,6	丑(辰)	子(巳)	亥(午)	戌(未)	酉(申)	申(酉)	未(戌)	午(亥)	巳(子)	辰(丑)	
	3,9	5	1,7	卯(寅)	寅(卯)	丑(辰)	子(巳)	亥(午)	戌(未)	酉(申)	申(酉)	未(戌)	午(亥)	
	4	0,6	2,8	巳(子)	辰(丑)	卯(寅)	寅(卯)	丑(辰)	子(巳)	亥(午)	戌(未)	酉(申)	申(酉)	
	5	1,7	3,9	未(戌)	午(亥)	巳(子)	辰(丑)	卯(寅)	寅(卯)	丑(辰)	子(巳)	亥(午)	戌(未)	

从表式上看出：公元纪年的千、百、十位数皆一目了然，错综排列于左边两栏。个位数横排于表的右上方。其下是横排的十天干。带圈的天干表示查公元后年代用。若是将公元纪年换算为干支纪年，需要从左上角栏里找出要查的公元年份的千位、百位数，再在相应的这一行下面找出要查的公元年份的十位数，然后在十位数这一横行向右上角查找，确定公元年份的个位数。个位数下面是天干，个位数下和十位数相交的一点就是要查得的地支。

举例一：求公元 1974 年的干支名称。

先在左上栏第 3 列内找出 19（千位、百位数），再在这一列相应的下面一列内第 6 格找出 7（十位数）；由"7"所在格向右上方查，在上方第一行中找出 4（个位数）。4 下面的天干是带圈的甲，4 和 7 相交的一点是带圈的地支寅。由此得知，1974 年的干支名称是甲寅。

举例二：求公元 963 年的干支名称。

先在表的左上栏第 2 列内找出 9，再在相应的这一列下面第一行找出 6（十位数），由 6 所在格向右上方查，找到 3（个位）。3 下面是天干癸，3 向下垂直与 6 相交的一点是地支亥。由此得知，公元 963 年的干支纪年是癸亥。

《干支干序倒序表》也是先列有一个干序表从甲子开始，到癸亥止共 60 个。接着就是对同一表由下及上加以逆推成为癸亥始、甲子终的倒序，也是 60 个。倒序供查公元前纪年干支用。这里侧重讲述公元后纪年换算为干支纪年。本书开头部分"天干和地支的组合"一节中已排列有干序表，如需应用可翻检。

我们已经准确地得知：公元纪年的元年相当于我国东汉时期平帝元始元年，这一年是干支辛酉年。公元 2 年是壬戌年，3 年是癸亥年，4 年是甲子年。这可看出，公元元年比公元后的第一个甲子年早了 3 年。因此，公元后的纪年换算为干支纪年时，需先行减去 3。

公元纪年换算干支纪年的方法是：公元年份减去 3，除以 60，所得的余数即是干支序数所代表的干支名称，即干支年份，仍举上述两例加以验证。

例一：求公元 1974 年的干支名称。

$$（1974-3）÷60=32……51$$

查干序表知：51 为甲寅，公元 1974 年是甲寅年。

例二：求公元 963 年的干支名称。

$$（963-3）÷60=16$$

整除无余数时，则表示干支序数为 60。查干序表可知：60 为癸亥。公元 963 年是癸亥年。

例三：求公元32年的干支名称。

当公元年数小于60时，则以公元年数减去3，差数就是干支序。

$$32-3=29$$

查干序表，29为壬辰。公元32年是壬辰年。

需要说明两点：

（1）若是求公元前的干支纪年，则要先列有干支倒序表，变减3为加3，其余不变。鉴于应用机会较少，这里不多说。

（2）公元纪年和干支纪年之间存在着岁首岁尾的差异问题。公历的1月或2月一般都居于干支纪年上一年的年尾。说公元纪年数相当于干支哪一年都是指公历2月至12月而说的。

以上介绍的两法都是依赖图表或公式求得干支纪年，若缺乏这种图表或不懂公式就难以换算。近年来，有人发明一种不需图表或公式的推算方法，刊于中华书局出版的《文史知识》2001年第5期上，必要时可据其进行检索。

（五）干支纪年与岁阳岁阴纪年

《史记》是我国第一部纪传体的史书，也是史林中的名著。《资治通鉴》是一部重要的编年体史书。这两部历史巨著都使用了太岁纪年法，特别是《资治通鉴》及其续编，共有500多卷记述约2000年间的事，普遍使用太岁纪年法。例如卷第三十《汉纪二十二》所注年代是"起屠维赤奋若（己丑），尽著雍阉茂（戊戌），凡十年"。这里所用就是太岁纪年法，括号内的干支表示与太岁纪年法相应的干支纪年。

太岁纪年法开初是应用十二地支，称十二辰纪年法。到了战国后期，就有文人给太岁纪年专门命了12个年名，以和十二地支相对应。其对应情况根据《尔雅·释天》部分整理如下表：

十二岁名	摄提格	单阏	执徐	大荒落	敦牂	协洽	涒滩	作噩	阉茂	大渊献	困敦	赤奋若
十二辰	寅	卯	辰	巳	午	未	申	酉	戌	亥	子	丑

按古代天为阳、地为阴的说法看，地支属于阴。上述与十二地支相对应的12个名称，也就被称为太岁纪年法的"岁阴"。大概到了西汉时期，天文历算学家又为太岁纪年法取了10个名称，使之与十天干形成对照。因天干属阳，所以这10个名称被统称为"岁阳"。关于岁阳与十天干对应的情况，《尔雅·释天》也讲得很清楚。现加以整理，列表如下：

岁阳	阏逢	旃蒙	柔兆	强圉	著雍	屠维	上章	重光	玄黓	昭阳
十干	甲	乙	丙	丁	戊	己	庚	辛	壬	癸

在确定上述岁阳年名和岁阴年名后，官方的文告都应用它。当时还未普遍应用干支纪年法。受干支纪日所用的60组不同名称的启示，古人将十岁阳和十二岁阴名称相互对应组合，也形成了60组不同的复合名称，作为太岁纪年法纪年。这就比仅用十二地支纪年丰富得多，也实用得多，所以当时较受欢迎。《史记》中大量应用了这种复合式太岁纪年法。

从上述两个表的对应关系可以明显看出：复合名称的太岁纪年法和干支纪年法基本相同，可以互相沟通。上述两表中，岁阳阏逢和岁阴摄提格相配合而成"阏逢摄提格"，相当于干支纪法中的甲寅，屠维和大荒落相配合相当于干支纪法的己巳，昭阳和作噩配合相当于干支纪法的癸酉。余可类推。

在干支纪年法盛行之前，被广为流传使用于书面语言的是复合名称的太岁纪年法。即使干支纪年法在民间广为流行之后，太岁纪年法也还一直在官方应用着。阅读历史古籍时，若遇到这种纪年法，就可以根据上述两个表的对应关系来换算为干支纪年法。

（六）干支纪月和推算

干支纪月有两种情况，一种是用十二地支纪月，一种是用干支组成的 60 组不同名称纪月。不管是哪一种，都涉及月建问题。

远古时期，人们把北斗星绕北极星环行的区域划分为 12 等份，以与人间的 12 个月份相对应，古人给 12 个星区命名用的是十二地支，依序称为建子之月、建丑之月、建寅之月、建卯之月等。

如前所述，春秋时期同时流行三种不同的历法，周历、殷历、夏历分别以建子之月、建丑之月、建寅之月为岁首。

十二地支纪月法又称十二辰纪月法。若依上述规定看，农历应是正月为寅、二月为卯，三月为辰、四月为巳、五月为午、六月为未，余类推。

古书中有不少以十二地支纪月，称为建子之月、建酉之月等。南北朝时期文学家庾信《哀江南赋》开头就说"粤以戊辰之年，建亥之月"，这"建亥之月"指的就是夏历十月。

那么，干支纪月和十二地支纪月有什么异同呢？首先肯定有两点相同：①干支纪月是以十二地支纪月为基本依据的，农历也是正月为寅、二月为卯、三月为辰。②两者都不给闰月命名，将闰月的上半月划归上个干支月份，闰月的下半月划给下一个干支月份。

干支纪月法和十二地支纪月法的主要不同在于：干支纪月是用

天干和地支所组成的 60 个复合名称轮流纪月，每 5 年一个循环。干支纪月法第一年正月的干支该怎样确定呢？农历是以建寅之月为正月的，正月地支为寅，天干为丙。这是因为，干支组合的第一个名称是甲子，第二个是乙丑，第三个才是丙寅，照此法可确定第一年的月干支是：正月为丙寅，二月为丁卯，三月为戊辰，四月为己巳，五月为庚午，六月为辛未……十二月为丁丑。

第一年如上述，那么第二年和第三、四、五年呢？这就涉及对干支纪月的推算方法。

承上所述，可将第一年视为甲子年，第二年视为乙丑年，第三年视为丙寅年，第四年视为丁卯年，第五年视为戊辰年……第十年视为癸酉年。这可看出干支纪年中天干从甲排到癸，10 年为一个周期。

由于地支寅固定指代正月，可以确定甲子年正月干支为丙寅。乙丑年正月的天干需从上一年的"丙"往后推两字，干支成了戊寅。丙寅年正月的天干需从上一年的"戊"往后推两字，干支成了庚寅。丁卯年正月的天干也需从上一年的"庚"往后移两字，干支成了壬寅。戊辰年正月的天干也需从上一年的"壬"往后移两字，但移一字就到末尾"癸"字，于是天干来一个循环，转到开头的"甲"，即戊辰年正月的干支是甲寅。从甲子年至戊辰年，正好是 5 年，干支组合的 60 个名称正好在纪月方面排完。这说明干支纪月是每 5 年一个周期。如果再继续排下去，干支纪月就出现循环现象。例如，第六年为己巳年，正月干支是丙寅，和甲子年相同；第七年为庚午年，正月干支为戊寅，和乙丑年相同；第八年为辛未年，正月干支为庚寅，和丙寅年相同；第九年为壬申年，正月干支为壬寅，和丁卯年相同；第十年为癸酉年，正月干支为甲寅，和戊辰年相同。从己巳年至癸酉年也是 5 年，干支纪月出现了又一个循环。

从上述情况可以看出，正月的干支不外乎 5 个，即：丙寅、戊寅、庚寅、壬寅、甲寅。究竟该确定哪一年为丙寅、哪一年为甲寅？这和当年纪年干支的天干有密切关系。

在上述的 10 个干支年份中，干支纪月名称出现了两个循环。10 年里纪年干支名称如下：

第一个 5 年里：甲子　乙丑　丙寅　丁卯　戊辰

第二个 5 年里：己巳　庚午　辛未　壬申　癸酉

若纵向看，就可看出在两个循环中，天干甲和己、乙和庚、丙和辛、丁和壬、戊和癸，双双所处序位都是相同的。我们知道甲子年正月干支为丙寅，则己巳年正月干支也是丙寅。这样就可找出规律，并形成法则如下：

年的天干为甲和己时，正月的干支为丙寅；

年的天干为乙和庚时，正月的干支为戊寅；

年的天干为丙和辛时，正月的干支为庚寅；

年的天干为丁和壬时，正月的干支为壬寅；

年的天干为戊和癸时，正月的干支为甲寅。

为了便于推算和使用，再将上述规律性法则归纳整理成下表：

年的天干与相应的纪月干支表

年天干 月份	甲、己	乙、庚	丙、辛	丁、壬	戊、癸
正月	丙　寅	戊　寅	庚　寅	壬　寅	甲　寅
二月	丁　卯	己　卯	辛　卯	癸　卯	乙　卯
三月	戊　辰	庚　辰	壬　辰	甲　辰	丙　辰
四月	己　巳	辛　巳	癸　巳	乙　巳	丁　巳
五月	庚　午	壬　午	甲　午	丙　午	戊　午
六月	辛　未	癸　未	乙　未	丁　未	己　未
七月	壬　申	甲　申	丙　申	戊　申	庚　申
八月	癸　酉	乙　酉	丁　酉	己　酉	辛　酉

续表

月份＼年天干	甲、己	乙、庚	丙、辛	丁、壬	戊、癸
九月	甲 戌	丙 戌	戊 戌	庚 戌	壬 戌
十月	乙 亥	丁 亥	己 亥	辛 亥	癸 亥
十一月	丙 子	戊 子	庚 子	壬 子	甲 子
十二月	丁 丑	己 丑	辛 丑	癸 丑	乙 丑

能根据每年年天干确定正月的干支（主要是天干），其他月份的干支名称就可根据干支表确定下来了。

举个例子，求农历丙子年八月的干支名称。

经查得知：丙子年天干为丙，则其正月的干支为庚寅，居于干支序列表第 27 位。

求八月干支序号：27+（8-1）=34

干支序列表第 34 位是丁酉，由此确定八月的干支是丁酉。

（七）干支纪日和换算

近代天文学家、史学家经考证已确认：至迟从春秋时期鲁隐公三年（公元前 720 年）二月己巳日起，我国就有了连续使用干支纪日法的记录，此后一直未曾间断。从鲁隐公三年至今已是近 2800 年了。可以说，干支纪日是世界上应用时间最长的准确纪日法了。

以《史记》《汉书》为首的二十五史，在纪日方面全都是使用干支纪日法。如果说这是官方修史方面所作规定，那么民间也都是在文章中使用干支纪日法。这在当时也许是普遍现象，下面举出一例。

南宋孝宗乾道五年（1169 年），大臣楼钥奉命出使金国。他跨过长江，沿古汴河流域向西北方去，往返共用去 140 天。这也许是今天人们难以想象的。

楼钥此行天天写日记，后来集中编汇，书名叫《北行目录》。他往返140天所记，全部是以干支纪日开头，然后记一天中的事。这大概可算得上古人言情述事连续使用干支纪日最长的记录了。

古人使用干支纪日有以下几种情况值得注意：

（1）只用天干，不用地支。如甲骨文卜辞中有："己丑卜，庚雨。"庚是己之后的一个天干。这句话意思是己丑日问卜，得知第二天（庚日）有雨。又如楚国屈原写的《哀郢》中说："出国门之轸怀兮，甲之朝吾以行。""甲之朝"就是逢甲的这一天早晨。这就难以确认其具体的日期了。

（2）只用地支，不用天干。如《礼记·檀弓》篇说"子卯不乐"，意思是每逢子日或卯日不奏乐。

（3）用"朔"字附记于每月的初一，用"晦"字附记于每月的最后一日。干支循环纪日何以为始、何以为终，很难把握，古人就想出另加标记的方法，即在每月初一的干支前加注"朔"字，在每月的最后一日之后加注"晦"字。说"最后一日"，是因农历月份有大小月，大月每月30日，小月29日。在月初和月末分别加注"朔""晦"二字就可顺利地推算出当月任何一天的干支纪日。古书中这样的例子很多。如宋朝词人李清照写的《金石录后序》结尾署记的时间是"绍兴二年壮月朔甲寅"，在古代所用的月阴纪月法中，"壮月"指的是八月，"壮月朔甲寅"意思是八月初一，这天的纪日干支是甲寅。清朝姚鼐的《登泰山记》中记有"戊申晦五鼓"，"晦"指月末之日，或是二十九日，或是三十日。"戊申晦五鼓"的意思是：（这月）最后一天的五更时分。

下面主要讲公历、农历日期换算为干支纪日的问题。今天已经有了相关的工具书可供查考。如果手边没有工具书，就可应用《求公历日期干支表》。若是遇到将农历日期换算为干支纪日的问题，还需先将农历日期换算为公历日期，然后应用此表。此表分为公元前用和公元后用两大部分。这里只介绍公元后用的部分。

《求公历日期干支表》公元后用部分和公元前用部分一样，包含了三个表：表 A 为世纪数的干支基数，数值代号为 N_1；表 B 为世纪年数的干支基数，数值代号为 N_2；表 C 为月份的干支基数，数值代号为 N_3，另外需配合干支序数表（即六十甲子表）供查考。现将这三种表列在下面。对于干支序数，可查阅本书第 40 页的六十甲子表。

求公历日期干支表（公元后用）

表 A

儒略历世纪数	N_1	儒略历世纪数	N_1	儒略历世纪数	N_1	格里历世纪数	N_1
100	45	700	15	1300	45	1500（平）	5
200	30	800	0	1400	30	1600	50
300	15	900	45	1500	15	1700（平）	34
400	0	1000	30			1800（平）	18
500	45	1100	15			1900（平）	2
600	30	1200	0			2000	47

表 B

世纪中年数	N_2	世纪中年数	N_2	世纪中年数	N_2	世纪中年数	N_2
0（平）	8						
0	7*	25	19	50	30	75	41
1	13	26	24	51	35	76	46*
2	18	27	29	52	40*	77	52
3	23	28	34*	53	46	78	57
4	28*	29	40	54	51	79	2
5	34	30	45	55	56	80	7*
6	39	31	50	56	1*	81	13
7	44	32	55*	57	7	82	18
8	49*	33	1	58	12	83	23
9	55	34	6	59	17	84	28*

续表

世纪中年数	N_2	世纪中年数	N_2	世纪中年数	N_2	世纪中年数	N_2
10	0	35	11	60	22*	85	34
11	5	36	16*	61	28	86	39
12	10*	37	22	62	33	87	44
13	16	38	27	63	38	88	49*
14	21	39	32	64	43*	89	55
15	26	40	37*	65	49	90	0
16	31*	41	43	66	54	91	5
17	37	42	48	67	59	92	10*
18	42	43	53	68	4*	93	16
19	47	44	58*	69	10	94	21
20	52*	45	4	70	1 5	95	26
21	58	46	9	71	20*	96	31*
22	3	47	14	72	25*	97	37
23	8	48	19*	73	31	98	42
24	13*	49	25	74	36	99	47

表 C

月份	1	2	3	4	5	6	7	8	9	10	11	12
N_3	0	31	59	30	0	31	1	32	3	33	4	34
N_3	0*	31*	0*	31*	1*	32*	2*	33*	4*	34*	5*	35*

使用这一组表应注意以下几点：

（1）表 A 中的儒略历是指 1582 年 10 月意大利教皇格里高利十三世进行历法改革以前的公元纪年。格里历规定，那些世纪数字不能被 4 整除的世纪年（如 17、18、19 等）不再作为闰年，仍算作平年。所以在使用表 A 时对整百非闰的年（注有"平"字），应在表 B 中取"0（平）"相对应的 N_2 值，也就是取"8"。

（2）表 A 中凡遇整百的年份，世纪中的年数应为"0"，取与"0"相对应的 N_2，也就是取"7"。

（3）表 B 世纪中的年数从 0 至 99。这些年数的 N_2 值，每隔 4

年就有一个数字带有 "*" 号，这表明它和闰年有关。若从该表取的 N_2 值带有 "*" 号，那么在表 C 中，也要取带有 "*" 号的数值。

（4）所求的公元年数不足 100 的，N_1 为 0。

用这一组表求公历的干支纪日，简单公式是：$N_1+N_2+N_3+$ 日期 = 干支序数。

具体方法如下：凡公历 100 年以上的年份（即世纪），取表 A 中的 N_1 值；凡 99 年以下的年份，取表 B 中有关的 N_2 值，月份取表 C 中相应的 N_3 值。三个数值相加后再加上日期就得出所求的干支序数。如果相加总和不超过 60，则可按总和的值从干支组合表按序数查得所求的纪日干支；若总和超过 60，应减去 60 或 60 的倍数，再按照它的余数从干支序数表中查得所求的纪日干支。

例一：求公历 1996 年 8 月 14 日纪日干支。

1996 年是个闰年。

$$N_1=2，N_2=31，N_3=33，日期 =14$$

总和：2+31+33+14=80

干支序数：80-60=20

经查，20 指代干支序数表中癸未。

答：公历 1996 年 8 月 14 日纪日干支为癸未。

例二：求 1874 年农历三月初一的纪日干支。

查近代史历表可知：1874 年农历三月初一是公历 4 月 16 日。

$$N_1=18，N_2=36，N_3=30，日期 =16$$

总和：18+36+30+16=100

干支序数：100-60=40

经查，40 指代干支序数表中癸卯。

答：1874 年农历三月初一的纪日干支是癸卯。

（八）干支纪时和推算

干支纪时包含两方面的内容：一是指用十二地支记述一昼夜之间的时段，二是指用干支组合的 60 组名称循环记述一昼夜间的时段。不管是哪种方法，都是将一昼夜划分为 12 个时段。

将一昼夜分为 12 个时段，是从汉朝开始的。明末清初学者顾炎武在《日知录》卷二十中说：

古无以一日分为十二时说……自汉以下历法渐密，于是以一日分为十二时，盖不知始于何人，而至今遂用不废。

清朝史学家赵翼在《陔余丛考》卷三十四中说：

古时本无一日十二时之分……以其一日分为十二时，而以干支为纪，盖自太初改正朔之后。历家之术益精，故定此法。

汉朝时期才固定地将一昼夜分为 12 时，史学界对此持见大体相同。但是，最初的 12 时并不是以地支命名的，而是根据一昼夜间天象的变化和人们的某些活动而命名的，其名称依序是：夜半、鸡鸣、平旦、日出、食时、隅中、日中、日昳、晡时、日入、黄昏、人定。这样记忆起来较麻烦，容易出差错。

公元前 104 年，汉武帝颁行《太初历》之后，逐渐地以十二地支的名称取代上述天象纪时名称，这就使其在民间更易于普及。十二地支和天象纪时的对应关系是：夜半为子时，鸡鸣为丑时，平旦为寅时，其余类推。古人称时段为时辰，所以十二地支纪时法又名为十二辰纪时法。

十二辰纪时与现在 24 小时对应表

12时辰	子	丑	寅	卯	辰	巳	午	未	申	酉	戌	亥
24小时	23—1	1—3	3—5	5—7	7—9	9—11	11—13	13—15	15—17	17—19	19—21	21—23

从上述对照表可以看出,十二辰的每个时段相当于现在的两个小时。古代人们说的时辰,时是一致的,都是12进位。例如,《三国演义》第三十八回写道,刘备"望堂上看时,见先生翻身将起,忽又朝里壁睡着。童子欲报,玄德曰:'切勿惊动。'又立了一个时辰,孔明才醒"。这里的"一个时辰"就相当现在的两个小时。唐时诗人王维诗云"鸟道一千里,猿声十二时",指猿猴啼叫声日夜不断。宋朝黄庭坚《思亲汝州作》诗"五更归梦三百里,一日思亲十二时",是指日夜都在思念亲人。《金瓶梅》第一回云"申牌时分,武大挑着担子,大雪里归来",这"申牌时分"相当于现今15至17时。叶元编写的《三元里抗英故事》中说"未刻迅雷甚雨",是指13至15时,天气变坏,雷雨交加。

用干支组合的60组名称循环纪时情况较上述的复杂,但仍是以一昼夜为12个时段划分的。这也就是说,每5天干支纪时就要循环一周。若从甲子日排起,这一天干支时段的次序是:甲子、乙丑、丙寅、丁卯、戊辰、己巳、庚午、辛未、壬申、癸酉、甲戌、乙亥。次日乙丑日的干支纪时应从丙子始,后面依序是:丁丑、戊寅……丁亥。第3日是丙寅日了,干支纪时应从戊子开始,后面依序是:己丑、丙寅、丁卯……乙亥:第4日是丁卯日了,这一日干支纪时应从庚子始,后面依序是:辛丑、壬寅、癸卯……辛亥。第5日是戊辰日了,这一日干支纪时应从壬子始,后面依序是:癸丑、甲寅、乙卯、丙辰……癸亥。至此已够5日,干支表循环一周。若用干支组合表的序数表示的话,那么可以简单罗列如下:

第1日:1—12

第2日:13—24

第3日:25—36

第4日:37—48

第 5 日：49—60

干支循环一周用了 5 日，再循环一周也是 5 日。若接着以上的纪日干支说，则：第 6 日是己巳日，纪时干支又需从甲子始，至乙亥终；第 7 日是庚午日，纪时干支与第 2 日完全相同，从丙子始，至丁亥终；第 8 日是辛未日，纪时干支与第 3 日相同，从戊子始，至乙亥终；第 9 日是壬申日，纪时干支与第 4 日相同，从庚子始，至辛亥终；第 10 日是癸酉日，纪时干支和第 5 日相同，从壬子始，至癸亥终。

在上述的 10 日中，天干纪日循环一次，而干支组合的 60 组名称却循环两次。若以日而论，可用数字表示如下：1 同于 6，2 同于 7，3 同于 8，4 同于 9，5 同于 10。由此可得出结论：干支纪时的天干跟当天纪日的天干有对应的关系，有一定规律性。即：

日的天干为甲和己时，则子时的天干为甲；

日的天干为乙和庚时，则子时的天干为丙；

日的天干为丙和辛时，则子时的天干为戊；

日的天干为丁和壬时，则子时的天干为庚；

日的天干为戊和癸时，则子时的天下为壬。

干支纪时法在古代书面语言应用极少，在民间应用的机会也不多。

十二辰纪时、纪时干支与日天干对应表

十二辰纪时 / 纪时干支 / 日天干	子时	丑时	寅时	卯时	辰时	巳时	午时	未时	申时	酉时	戌时	亥时
甲、己	甲子	乙丑	丙寅	丁卯	戊辰	己巳	庚午	辛未	壬申	癸酉	甲戌	乙亥
乙、庚	丙子	丁丑	戊寅	己卯	庚辰	辛巳	壬午	癸未	甲申	乙酉	丙戌	丁亥
丙、辛	戊子	己丑	庚寅	辛卯	壬辰	癸巳	甲午	乙未	丙申	丁酉	戊戌	己亥
丁、壬	庚子	辛丑	壬寅	癸卯	甲辰	乙巳	丙午	丁未	戊申	己酉	庚戌	辛亥
戊、癸	壬子	癸丑	甲寅	乙卯	丙辰	丁巳	戊午	己未	庚申	辛酉	壬戌	癸亥

为求简化易记，前人据上面的表编出"五子建元歌"，其辞是：

甲己还甲子，乙庚丙作初，

丙辛生戊子，丁壬庚子头，

戊癸起壬子，周而复始求。

所谓"甲己还甲子"，是指甲日、己日这两天夜半子时起于甲子，其后，丑时是乙丑，寅时是丙寅、卯时是丁卯……余类推。

例：求1983年4月14日19时11分的纪时干支。

公元1983年4月14日相当于农历癸亥年三月二日。根据本书"干支纪日和换算"一节中"求公历日期干支表"可查知：这一天的纪日干支为壬申。

再根据本节中上面所列的十二辰纪时、纪时干支与日天干对应表可查知：日天干逢壬，则子时的天干为庚。

又根据十二辰纪时与24小时对应关系，可知19时也就相当于戌时。

由上述可知：1983年4月14日子时天干为庚，推至戌时天干仍为庚，而19时对应十二辰纪时中的戌时，所以，当日19时11分的纪时干支是庚戌。

三、天干地支用于古代天文学说

（一）古今天文学不同的含义

汉朝《淮南子·天文训》阐释天文的"文"字说："文者，象也。"可见，在古代，天文就指天象，最初是日、月、星辰等天体在宇宙间分布及运行的现象。后来，天文的含义有所引申，包括了天空中的现象，即把风、云、雨、露、霜、雪、雷、电等大气物理现象也纳入了天文的范围。这样一来，天文就包括了两大类现象，一是日、月、星辰运行的现象，一是地球大气物理现象。前者简称为星象或者天象，后者简称为气象。古人感到自然界很神秘，也很崇拜自然，在他们看来，风、雨、雷、电等气象变化都由神主宰，而神仙是居于天宫的，一些星宿就是神的居所，星宿的运行变化能表达神的意志。就这样，星宿和气象被牵强附会地拉到一起，统称为天文。我国历代史书中有关天文的部分，如《史记·天官书》《汉书·天文志》《魏书·天象志》等，都是将星象和气象作为天文现象加以记述的。

近代以来，随着科学的不断进步以及人们对天体认识的不断深化，"天文"一词的含义才不那么宽泛了。《辞海》释天文曰："有些人把风、云、雨、露、霜、雪等都叫作天文现象,但风、云等现象发生在大气层内,属气象所研究的范围。天文学以日、月、星等天体为研究的对象。"本书所说的天文学从《辞海》说。但由于是谈天干地支的应用,也就要兼顾到古人的一些认识。

(二)星象与人世吉凶

古代天文学所说的天象是指日、月、星辰的出没、运行和风、雨、雷、电等的变化现象,也包括了日月的交食和极光的出现等。这些现象之中,星象是最主要的天象。这不单是指数量而言,更因为古人将其看作人间在天上的投影。

在夜间观察星辰及其变化是远古人们经常要做的大事。早在上古蛮荒时期,部落中的祝巫就必须庄严肃穆地观星象。祝巫有男有女,类似后来皇帝宫廷中掌管天文历法的官员,他们肩负沟通上天与人间意念的使命,从而向部落首领陈述观星所得情况,解释内涵意义并提出建议,以举行相应的祈祷、祭祀、庆祝等活动。

不仅祝巫要观测星象,先民们也都普遍关心星象,并将观察所得的情况加以解释,使之融入生产实践或社会生活实际中去。明朝大学问家顾炎武《日知录》中有一段名言:

> 三代以上,人人皆知天文。"七月流火",农夫之辞也;"三星在户",妇人之语也;"月离于毕",戍卒之作也;"龙尾伏辰",儿童之谣也。

这里所说的"三代",指的是夏、商、周这三个上古时期的朝代。这里所引用的前三句话依次见于我国古代的诗歌总集《诗经》中的《豳风·七月》《唐风·绸缪》《小雅·渐渐之石》,第四句话出于《国语·晋语》,它们共同反映出这样一个事实:古人很注意观测

星象，熟悉星象的分布变化，希望沟通天人之意。

为了便于观测星象，就得给主要的星或星座（有的称星为"星官"，这里从众说）命名。古人有给星命名的专门著作，《开元占经》就是其中较重要者。这部书给星命名所用的几乎全是人间事物名称：有涉及帝王贵族的，如天皇大帝、五诸侯、太子；有用职官名称的，如尚书、天将军、女司空；有用设施或建筑名称的，如明堂、天街、车府、南门；有用日常器具名称的，如女床、河鼓、北斗、酒旗；有涉及动物、山川的，如龟、柳、咸池；有涉及人的，如织女、老人、奚仲；有涉及神怪的，如轩辕、司命、鬼；有用国名的，如赵、齐、郑、秦。从以上所举例子就可看出，人间有的，天上也有，人间万物和社会组织几乎全部照搬到天上了。

如果说给星星的命名是将人间照搬到了天上，那么对星象的占卜和解释则又使天上的事物返回到了人间。

《易经·系辞上》说："天垂象，见吉凶。"古人认为天上所发生的一些自然现象都是和人间的吉凶祸福相联系着的。星象就是"天垂象"中的一种主要现象，因此也就和人间的诸多社会现象紧密相连。古人根据星星的亮度、颜色、形状、大小以及所发生的变化，建构了一套占卜人间事情的方法，后人将其命名为星占学。前面提到的《开元占经》就是其中主要者。星占学有分类，如行星占、恒星占、彗星占、流星占、怪星占等，每类下又分小类。在古代，人们对飓风、冰雹、霪雨、水灾、蝗灾、地震、山崩等自然现象，几乎都从星占学求得解释。对于帝王的蒙尘（失位流亡）或驾崩、奸臣的恣横当道、蛮夷的侵犯边境、后妃及其亲属的专权及篡位、军阀的割据争雄等，也都从星象上找到牵强附会的解释。

在科技日益发达的现代社会，人类早已经登上月球，勇气号火星探测器已经爬上火星，星占学已失去了其存在的思想基础。

星占学也好，与星占学有关的传统文化知识也好，我国古人对于星座分布、星体自身的变化、星座间的联系、星体的出没运行规律等加以阐释时，往往运用天干地支知识，从实际情况看，较多应用的是地支知识。本章择其主要者，如地支与星次、地支与月建、地支与二十八宿、地支与星野、地支与十二宫等加以简述，以供读者作一般性了解。

（三）用于星次

《辞源》对"次"字的解释中有两个义项与本文有关：一是指"停留、止"，引申为"途中止宿的处所"；一是"泛指所在之处"。星次就是星所在的处所。若和星座比较起来，可以明确地说：星次说的是星体运行中的状态，指运行中的星的止宿处所。具体地说，就是指岁星在运行中的处所。由于有 12 处，故又称十二星次。这首先和古代的岁星纪年法有关，其次和古代的太岁纪年法有关。

岁星原名木星，也就是现今太阳系八大行星中的木星。木星体积大，比较明亮，便于观测，古人曾把它作为纪年的标志，所以木星又名岁星。

岁星在一年间可以被看到的时间特别长。古人通过长期观测，对它的特点及运行规律有了较深的了解。大约在公元前 800 年，人们就知道了木星绕太阳的周期是 12 年。至迟在公元前 400 年左右，人们已知木星绕天的视运行周期稍小于 12 年。接着就出现了岁星纪年法。

木星是自西向东运行的。古代天文学家就把它绕天一周的路线划分为 12 段，以对应 12 年。后人就称这 12 段为十二星次，自西向

东给以命名。初始阶段命名混乱。到了西汉成帝绥和三年（公元前7年），制定《三统历》，其名称才算固定下来。自西向东依序称为：星纪、玄枵、诹訾、降娄、大梁、实沈、鹑首、鹑火、鹑尾、寿星、大火、析木。岁星每年行经一个次段。若运行到星纪，这一年就称"岁在星纪"，依此类推。

古书中以岁星纪年的例子很多。《国语·晋语》："君之行也，岁在大火。"《国语·周语》："昔武王伐殷，岁在鹑火。"

岁星纪年法有三个缺点：第一，它的运行是自西往东计行程的，和太阳的视运行方向正好相反，不便于应用。第二，十二星次的名称缺乏系统性，难于记忆。第三，岁星的公转周期不足12年，有超辰现象，每隔86年就会超一个时辰。为了克服上述缺点，古人就又制定太岁纪年法。

太岁纪年法是根据假想的太岁星的运行规律纪年的方法。古代天文学家设想出一个假岁星，叫作"太岁"，意思是比岁星还要高大。天文学家还让这个假想的太岁自东向西运行，也就是与岁星相对而行，和太阳的视运行方向相一致。

太岁纪年法也是把黄道附近的周天划分为12个距离相等的时段，称为十二星次。为了和岁星纪年法的十二星次有所区别，就以十二地支依序命名，称子年、丑年、寅年、卯年……，详细情况可参看本书"干支用于历法"专题中天象历法部分以及"天干地支用于纪年法"专题中的"干支纪年与岁阳岁阴纪年"部分。

（四）用于斗建

斗，指的是天上的北斗星。只要是晴好天气，每当黄昏之后，人们站在大地上就能看见它出现在北方的天空，熠熠闪光。由于有一些高大建筑物的遮掩，或者是强烈的灯光反射，城市中的人可能鲜见北斗星。但农村、牧场、丘陵地带及江河湖海上的人们对它都是很熟悉的。

根据北斗星的运转规律所确立的纪月准则就称为斗建，又名月建。北斗星环绕北极星运行，每年绕行一周。在黄昏时可以发现，北斗星斗柄所指的方向会随着季节的不同而不同。《鹖冠子·环流》中说得明白："斗柄东指，天下皆春；斗柄南指，天下皆夏；斗柄西指，天下皆秋；斗柄北指，天下皆冬。"这是以斗柄所指划分四季，较为粗疏。古人不满足于此，遂有月建说。

月建说将北斗星绕行的区域称为宸区。宸区被古人视为天上最高贵的区域。古人将这个区域划分为 12 等份，并以十二地支为之命名，依次称为建子月、建丑月、建寅月、建卯月等。

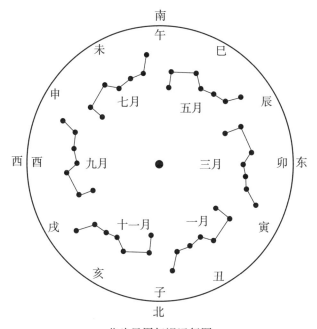

北斗星周年视运行图

了解以地支命名的月建有什么意义呢？主要是阅读先秦时期的

古籍需具备这方面的知识。春秋时期，周王室中央对地方失去控制，各地诸侯割据一方，自立为王，有的还制定自己的历法，如前所述，其中较为重要的有殷历、夏历、周历、颛顼历等，这些历法的主要不同之处是岁首月的月建不同。周历的正月为子；殷历的正月为丑，相当于周历的二月；夏历的正月为寅，相当于周历的三月、殷历的二月。《春秋·庄公七年》说："秋，大水，无麦苗。"在今天看来，秋天不会有大水，也不会有麦苗，但孔子用的是周历。按周历计算，秋天就等于夏历（也就是现农历）的五月。这个记载是说：五月间突然发大水，把麦苗全淹了。又如《春秋·隐公六年》记述："冬，宋人取长葛。"而解释《春秋》的《左传》则说："秋，宋人取长葛。"两者记述表面上看差了一个季节，实际上没有错，只是因为所用历法不同。

（五）用于星野

星野的"野"仍是指地上的原野。星野的含义是指天上星空与地面相对应着的区域。古代天文学家将此二者联系在一起，用以阐释不同星空的星象变化对相应区域人们的感应情况。

古人宇宙观的基本要点是天人合一。在古人心目中，"天"是人格化的，是会垂天象以昭示人间吉凶的。古代占星家有"上天变异，州国受殃"的说法。但怎样来具体体现天与人的感应呢？天下之大，四面八方，郡国州县繁多，各地情况大不相同，"吉凶"当然也就不能一概而论。假如"天垂象"之后，要看出是何地域内人的吉凶，必须先确立某种对应法则才行。这种天与地的对应法则就是分野理论，简称星野说。

远在春秋时期就有了星野之说，距今已逾2500年。《周礼·春官宗伯》所载的职官中，有叫保章氏的。这个保章氏的职务是："掌天星以志星辰日月之变动，以观天下之迁，辨其吉凶。以星土辨九州之地。所封封域皆有分星，以观妖祥。"这几句话已道出星野说的基本原则，即把天上不同的星宿与地上的各州郡（或各诸侯封域）一一对应起来。但究竟是如何一一对应的，根据现存古籍已难以弄清楚。延及汉朝，司马迁《史记·天官书》以十二星次为准，将其与地上各州国之间建立了整套的对应关系，其中也以十二地支与十二星次相对照。但是也不能以此作为星野说雏形，何况其中就互有参差或矛盾之处。

星野说体系中最精致、最规范化的一种，见于唐朝大星占家李淳风奉敕主编的《晋书·天文志》，其将十二星次与二十八宿精确对应，同时也给出对应的地支及分野，今据其中的"十二次度数""州郡躔次"两节，整理出下表。

十二星次地支分野

十二星次	地支	分野	
寿星	辰	郑	兖州
大火	卯	宋	豫州
析木	寅	燕	幽州
星纪	丑	吴越	扬州
玄枵	子	齐	青州
娵訾	亥	卫	并州
降娄	戌	鲁	徐州
大梁	酉	赵	冀州
实沈	申	魏	益州
鹑首	未	秦	雍州
鹑火	午	周	三河
鹑尾	巳	楚	荆州

就此表说明以下几点：

（1）十二地支指代的是不同的星空，辰指辰区间星空，未指未区间星空，余类推。乍一看来，十二地支近乎排列无序，实则不然。若将此表前5行整块地调移至下部，就可看出它是自下向上按原顺序逆推，仍是"子"起头，"亥"结尾。

（2）此表具体地排列出了十二星次与十二地支的对应关系，如：子对应玄枵，丑对应星纪，寅对应析木。

（3）分野的左边一列，如郑、宋、燕、齐都是战国诸侯国名，这种分野体系的起源可能就在距今约2200年前的战国时期。

（4）分野的右边一列，如豫州、幽州、扬州等，指的可能是晋朝的各大行政领域。《晋书·天文志》的"州郡躔次"不仅列出12个大行政州的名称，还列出各对应地域内的主要郡国。例如，豫州下列出颍川、汝南、沛郡、梁国、淮阳、鲁国、楚国，青州下列出齐国、北海、济南、乐安、东莱、平原、菑州，等等，并且都详细说明其处于各自分野境域中的度数。

（5）《晋书·天文志》记述星的分野时还列举了二十八宿的分野法，其详细情况可参看本章有关部分。

（六）用于二十八宿

二十八宿中的"宿"读作xiù，《辞源》释为"列星之意"。二十八宿即是天上28列星星，或说成28处相对集结的星星。《新华字典》云"我国古代的天文学家把天上某些星的集合体叫作宿"，这个解释通俗而又明确。

二十八宿之说有着悠久的历史，至迟于公元前500年左右创立，其文献证据是：1978年，湖北省随州市擂鼓土号墓（战国初年墓葬，约建于公元前 433 年）出土的漆盒盖上有二十八宿的名称及与之对应的青龙、白虎图像。再者，《礼记·月令》及《吕氏春秋》书中都已有了二十八宿的全称。但当时只是人们用来作为观察日月五星视运动的标志。延至《晋书·天文志》称其为二十八舍，对各舍之间距度有所记述。到了隋朝人写的《步天歌》，二十八宿始成为星空区划体系，和"三垣"说共同流传下来。

二十八宿究竟是哪些星列？具体情况若何？这就要涉及"三垣"和"四象"说了。

"三垣"是古人星空区划的综合名称，包括紫微垣、太微垣、天市垣。紫微垣以北极星为中枢，其他两垣分别以五帝座星、帝座星为中枢。三垣被视为星空区划中最高贵的空间。

"四象"指四种动物的形象。古人经过长期观测，以恒星为背景，选择了黄道（即太阳视运行的路径，也就是地球公转轨道平面和天球相交的大圆）两侧的 28 个星宿作为"坐标"。为了便于记忆和普及有关常识，古人又对这 28 个星宿赋以想象，共勾勒出 4 种动物的形象，并与东、西、南、北 4 个方向相对应，每一个动物形象都由 7 个星宿勾勒描述而成。概括而言就是：东方苍龙、北方玄武、西方白虎、南方朱雀。在这 4 种形象中，苍、玄、白、朱都表示颜色，玄表示黑色。古人所描述的这些形象还真是维妙维肖，例如，在苍龙的七个星宿中，从角宿到箕宿像是一条龙，角宿像龙头，亢宿、氐宿和房宿像龙身，尾宿像龙尾。

二十八宿以动物形象配合方向来说，情况如下：

东方苍龙七宿：角、亢、氐、房、心、尾、箕；

北方玄武七宿：斗、牛、女、虚、危、室、壁；

西方白虎七宿：奎、娄、胃、昴、毕、觜、参；

南方朱雀七宿：井、鬼、柳、星、张、翼、轸。

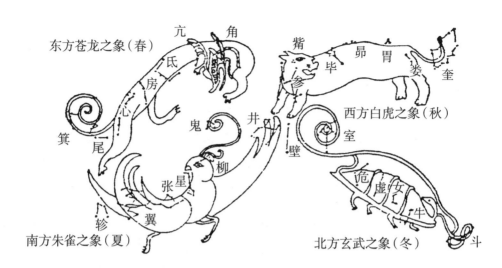

四象

经过了较长时期，人们在实践中逐渐按照朴实的愿望对星野说加以改进，使之在名称与内容两个方面都有了变化。为了把地上的分野分得更准确更细致，人们改用以二十八宿为主的星野划分法，也渐以十二地支名称取代了原来难记的十二星次名称，这样一来就使得十二地支和二十八宿形成了相对应的联系。

十二星次的次段间距离是相等的，所以它和二十八宿之间的对应不可能一致，因为二十八宿之间的距离是不相等的，有的距离大，有的距离很小，因此一个星宿的区间就有可能要跨两个以地支命名的区段。

东汉时期，班固修成《汉书》，其中《律历志下》确定了十二星次与二十八宿中各跨区星宿的对应关系，并且说明二十八宿所跨度数。后人虽以十二地支取代十二星次，但仍尊重跨区之说。本书以《汉书·律历志下》为基础，并附以十二星次，将十二地支与二十八宿的对应关系列表如下（其中带点的为地支对应的主要星宿）：

地支星次与二十八宿对应关系

十二地支	十二星次	二十八宿
子	玄枵	女虚危
丑	星纪	斗牛女
寅	析木	尾箕斗
卯	大火	氐房心尾
辰	寿星	轸角亢氐
巳	鹑尾	张翼轸
午	鹑火	柳星张
未	鹑首	井鬼柳
申	实沈	毕觜参井
酉	大梁	胃昴毕
戌	降娄	奎娄胃
亥	娵訾	危室壁奎

古人的星野说先是以十二星次为划分标准，后来转为以二十八宿为划分标准，这无疑是一种进步。古书上谈及分野时，也大多着眼于二十八宿的分法。例如，唐朝初年王勃《滕王阁序》中说"星分翼轸，地接衡庐"，唐朝大诗人李白《蜀道难》诗中说"扪参历井仰胁息，以手抚膺坐长叹"。二者是从分野意义上提到了翼、轸、参、井这四个星宿。

（七）用于十二宫

星象中的十二宫之说是舶来品。西方黄道十二宫之说在隋唐时由印度传入我国。河北省宣化出土的辽墓彩绘星图上即绘有黄道十二宫图形，与西方黄道十二宫图形、名称大致相同。与十二星次说比较起来，十二宫说更加接近当代天文学研究的实际，更加为人们所熟知。

什么是十二宫呢？黄道两侧各8°的区域所形成的带状称为黄

道带。太阳、月亮和主要行星的运行路径基本上都处在黄道带内。古人为了表示太阳在黄道上的位置，就把黄道分为 12 段，叫黄道十二宫。

黄道的圆周是 360°，十二宫共计 12 段，每段 30°，以春分点作为起点。0° 至 30° 为第 1 段，称为白羊宫，之后依次是金牛、双子、巨蟹、狮子、室女、天秤、天蝎、人马、摩羯、宝瓶、双鱼各宫，正好对应完 360°。过去的黄道十二宫和黄道上的 12 个主要星座是一致的。由于春分点不断向西移动，约 2000 年前在白羊宫的春分点现在已移至双鱼座，因而现在各宫的名称和星座名称并不吻合了。

十二宫的名称复杂且次第不明朗，不如传统的地支好记，因此有人就以十二地支名称取代十二宫名称，如丑宫、辰宫、亥宫等，这也未可厚非，但千万不能想当然地认为十二宫的第一宫白羊宫就对应地支子、第二宫就对应地支丑等，这与实际很不相符。下面列表展示十二宫与十二地支的对应关系：

十二宫与十二地支对应情况

宫次	宫名	黄道经度	地支
1	白羊	0°～30°	戌
2	金牛	30°～60°	酉
3	双子	60°～90°	申
4	巨蟹	90°～120°	未
5	狮子	120°～150°	午
6	室女	150°～180°	巳
7	天秤	180°～210°	辰
8	天蝎	210°～240°	卯
9	人马	240°～270°	寅
10	摩羯	270°～300°	丑
11	宝瓶	300°～330°	子
12	双鱼	330°～360°	亥

本书十二宫名称从《辞海》说法。

四、天干地支用于阴阳五行学说

（一）阴阳五行学说

"阴阳""五行"是我国古代人们在认识客观世界过程中，逐步总结出的两个密切相关的名词概念。

先说阴阳。按字义解释，"阴"的意思是暗，"阳"的意思是明，所以日称太阳，月称太阴。日出则暖，引申出暖和之气为阳气；向日才能见到光明，引申出阳为正面、表面。背日的地方就暗，故"阴"字引申出背面、里面的意思。由"阴""阳"两义扩展开来，宇宙间的事物都形成对立的两个方面，自然的如天地、山河、昼夜、荣枯；社会的如善恶、祸福、得失、贫富；人体的如呼吸、进退、哭笑、手足；还有更抽象的消息、舒展、翕辟、刚柔等。古人就是根据事物的对立统一现象或规律建立了阴阳学说，并勾勒出阴阳图。阴阳图中明亮的部分为阳，阴暗的部分为阴，阴、阳二者环抱，从而形成一个相互对立的统一体。如果我们从这幅图的中间垂直画一条线，就可以发现，被分

阴阳图

开的两个半圆形内均包含有阴、阳两个部分，这提示人们，阴、阳是互相依存而又相互制约的，表现了阴中有阳、阳中有阴的道理。阴、阳的对立统一、互根互用、相互依存、相互制约，构成阴阳学说的基本内容。阴阳又是相互消长的，在一定条件下，阳的可能转化为阴，阴的也可以转化为阳，如白昼过后是黑夜，黑夜过后又是白昼；一年四季寒、热、温、凉气候相对平衡，如果没有这种动态的相对的平衡，就不能保证自然界万物的生长消亡。

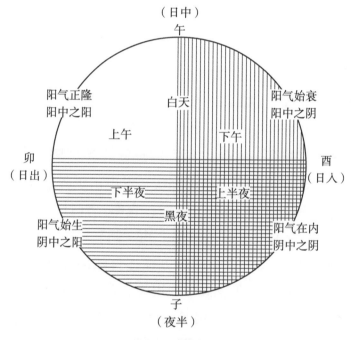

昼夜阴阳示意图

再说五行。五行说是古人对客观事物多样性的一种概括。远古时期，随着社会生产的发展，日常生活中最常见又最为生活所需要的五种物质先后被人们发现和重视。由于人们发觉它们对生活、生产起了不可磨灭、无可替代的作用，就很崇尚和关注它们，把它们视作构成宇宙万物及各种自然现象变化的基础。这五种物质就是金、木、水、火、土，人们称之为五行。

古代最早阐述五行的书是《尚书》。该书《洪范》篇云："五行：一曰水，二曰火，三曰木，四曰金，五曰土。水曰润下，火曰炎上，木曰曲直，金曰从革，土曰稼穑。润下作咸，炎上作苦，曲直作酸，从革作辛，稼穑作甘。"这不仅指明了五行的五种物质，还讲明了它们的性质和作用，进而把它们和自然现象、人世情味联系到一起。

这里顺便说说为什么要用"五"这个数字。古人不仅有五行说，还有五味、五色、五声、五帝、五戒等说法。有人粗略统计，几部儒家经典书中以"五"为名称就有六七十种。古人习惯用"五"来概括事物，很可能与人类计数知识的发展有关。首先用于计数的当然是一和二，其次是三和五，然后才有十、百、千、万以及其他计数，在日常生活中最早应用的是三和五，这已为现存某些原始部族的语言所证明，在儿童语言和方言中也有所证明。古人喜用"五"是受当时计数知识和运用习惯的影响。

古人对五行的五种物质之间的内在关系进一步加以探讨，从而提出了五行相生相克学说。相生即木生火、火生土、土生金、金生水、水生木；相克即木克土、金克木、火克金、水克火、土克水。仅从字面上也可以想象出它们的大体含义。先说相生方面：古代的火是磨擦而生的，最早见于雷电引起树木起火，再就是人类钻木取火，所以木生火；火烧万物的灰烬都会化为尘土，所以火生土；金属矿体是从土中挖掘而得的，所以土生金；金冶炼后能熔化为液体状，所以金生水；树木的生长繁茂离不开水，所以水生木。再说相克方面：草木可以防止水土流失，枯枝败叶又可滋养土地，所以木克土；金属制成斧锯

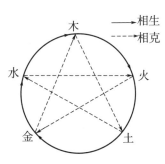

五行相生相克示意图

可以砍断树木，所以金克木；火可熔化金属，所以火克金；水可以将火浇灭，所以水克火；用土筑起堤坝可以防洪水，所以土克水。

阴阳五行学说的形成前前后后自然经过了一个漫长的过程。原始的阴阳说和五行说在大体形成的时候并没有太大关系。在春秋乃至战国中期之前，两者的发展都是各自进行的。到了战国后期，以邹衍为代表的阴阳家把两者糅合起来，提出"五德终始"说，从而奠定了阴阳五行学说的基础。也就是从这个时期起，阴阳五行学说由认识解释自然现象为主转入了认识解释社会现象的历史时期。邹衍就曾用五行说解释夏、商、周等朝代更替的原因，提出"改正朔，易服色"的主张。到了汉朝，官方的神秘主义渗进阴阳五行说。东汉时《汉书·五行志》又以天人感应的观念解释自然现象与社会发展、变革的关系，从而发展了五行学说中的唯心主义成分。受其影响，后来，人们把宗教、巫仙等迷信也和阴阳五行说混杂在一起，影响越来越大。旧时的看相、算命、抽签、卜筮、看风水、择吉日等活动，都多少融进了阴阳五行学说内容。但这并不等于要彻底否定阴阳五行学说。这种学说中朴素的唯物辩证法部分也被后人继承下来，从而丰富了我国哲学内容，推动了社会科学的进步和繁荣。古代天文学、化学、医学也都曾运用阴阳五行学说进行实际观察和经验总结。特别是传统中医学，在医理、诊断、治疗、针灸、养生等诸多方面都合理地运用了这一学说，并取得了较好的效应。民俗学应用阴阳五行学说虽被蒙上了浓厚的迷信色彩，但也对我国历史文化发展产生了深远的影响。

（二）用于阴阳

《黄帝内经》的《素问·阴阳应象大论篇》云："阴阳者，天地之道也，万物之纲纪，变化之父母，生杀之本始，神明之府也。"这句话是说，阴阳说适用于自然界和社会，是普遍法则。它以对立统一而产生的内在动力来解说万物的现象和变异，推动事物发展变化。

若粗略审辨就不难发现，阴阳说分两个类型：一是把事物直接分为阴与阳，如天地、寒热、生死、甘苦、父母、手足、善恶等；二是先把具有规律性、系统性的概念、名词分为阴与阳，然后再以之去解析别的事物的阴阳属性。这后一种类型又具有两重性，被用来解析另一些事物的概念名称，成了演绎性的工具，像五行、八卦、数字、干支都属于这些事物。

五行中每一字都有阴阳之分，如阳木、阴木、阳金、阴金。数字中的0至9这10个基数，单数的属阳，即1、3、5、7、9；双数的属阴，即0、2、4、6、8。干支分为阴阳有别于五行的分法，而和基数的分法相同。

在十天干中，甲、丙、戊、庚、壬属于阳干，乙、丁、己、辛、癸属于阴干。若依10个基数的分法对照看，则位居单数的是阳干，位居双数的是阴干。

在十二地支中，子、寅、辰、午、申、戌属于阳支，丑、卯、巳、未、酉、亥属于阴支。也是位居单数的为阳，位居双数的为阴。

把干支分为阴阳，就使得阴阳学说对某些事物的内在关系和发展变化规律的解释趋于详细，有利于学科理论的建立。例如，中医的子午流注针法主要有纳天干法和纳地支法两种，又被称为纳甲法和纳子法。这两种针法都融入了阴阳学说，例如，纳天干法有个法则，即阳日阳时进阳经穴，阴日阴时进阴经穴。阳日阳时指的是干支纪日和干支纪时中所确定的天干必须是属于阳性的，也就是位居单数的；阴日阴时指的是纪日纪时所定天干必须是属于阴性的，也就是位居双数的。至于经络的阴阳也和天干有固定的对应关系。这

就可看出，具有阴阳属性的干支在子午流注针法中成了时日和经穴的代名词，或者称演绎符号。

（三）用于五行

在五行相生相克学说中的相生含有生长、发展、促进、帮助、协调的意思，相克含有克制、制约、挫败及互损等意思。

五行相生即木生火、火生土、土生金、金生水、水生木。其中每一行都具有生我和我生这两方面的关系，生我的是母，我生的是子，这可称为母子关系。

五行相克即木克土、金克木、火克金、水克火、土克水。其中每一行都具有我克和克我两方面关系。我克者为我所胜，克我者为我所不胜。这又可称为所胜和所不胜的关系。

根据五行的特性，人们把自然界和人体的部分现象、特性、形态、功能加以综合归类，比附于五行，从而有了五方、五季、五气、五化、五色、五味、五官、五脏、五志等类属性概念。这样就把各种复杂的现象理出了头绪，也说明了各类之间的关系。

五行类属表

五行	自然界				人体方面						
	五方	五时	五气	五化	五脏	五官	五志	五色	五味	五体	五音
木	东	春	风	生	肝	目	怒	青	酸	筋	角
火	南	夏	热	长	心	舌	喜	赤	苦	脉	徵
土	中	长夏	湿	化	脾	口	思	黄	甘	肉	宫
金	西	秋	燥	收	肺	鼻	悲	白	辛	皮毛	商
水	北	冬	寒	藏	肾	耳	惧	黑	咸	骨髓	羽

对上表，有两点需说明：①中医学说把一年四季改为五季以对应五运六气学说；②五音是古代音乐的五个音阶，相当于现今乐曲

所用简谱中的1、2、3、5、6。

从上表可看出，以五行为主进行归类并与之形成固定的对应关系的主要是自然界和人体方面的现象、特性、功能、形态等。但社会各方面情况不仅相当复杂而且经常变化，绝不能机械比附于五行。

那么，干支和五行是怎样对应的呢？

先说天干。甲、乙对应木，丙、丁对应火，戊、己对应土，庚、辛对应金，壬、癸对应水。民间对这一对应关系有口诀曰：东方甲乙木，南方丙丁火，中方戊己土，西方庚辛金，北方壬癸水。

再说地支。地支和五行的对应关系不像和天干的那样简单易记。它是十二支对应五行，就不可能每两个字对应一个五行，而是有4行共对应8个地支，另外4个地支只对应1行。情况如下：寅、卯对应木，巳、午对应火，申、酉对应金，亥、子对应水，丑、辰、未、戌对应土。从以上所说五行和五方的对应可知：中方对应土。中方即中央地带，居中心地位。将4个地支对应中方的土比较得宜。

和天干比较起来，十二地支与五行的对应关系较为难记。但也能找出点规律，以利记忆。把为首的"子"移到末尾去，然后把十二地支组成4组，每组3个字。这4组内为首的字就是丑、辰、未、戌，它们都对应土。然后按东方木、南方火、西方金、北方水的顺序逐一对应下去，就可得出以上所说的对应关系。

（四）用于纳音五行

《辞源》释纳音全文如下：

古乐十二律为黄钟、太簇、姑洗、蕤宾、夷则、无射、大吕、夹钟、仲吕、林钟、南吕、应钟。每律有宫、商、

角、徵、羽五音，合为六十音。以六十甲子相配合，按金、火、木、水、土五行之序旋相为宫，称为纳音。

概括而言，可以先说古乐的十二律和十二地支相对应，再融以五行和五音相对应的情况就成为纳音。十二律的每一律都有宫、商、角、徵、羽五个音级，合并起来就有60个音级。这正好对应干支组合的60组名称。

五行中的每一行也按大小、强弱、上下等情势依序各排定6种不同性能的物质，合并也就形成了30种物质。用律调的60种音级配以五行中的30种物质，就形成了纳音五行。在应用时，人们因对干支较为了解而对律吕不太熟悉，所以就以十二地支取代十二律。这样一来，纳音五行中原有的和乐律相联的意义就逐渐消失了。

先人将干支组合的60组名称和五行中的30种不同性能、形体的物质两相对照，就使得两个复合干支名称对照一种物质，形成下表。

干支与纳音五行

干支	属性	五行	干支	属性	五行
甲子、乙丑	海中	金	甲午、乙未	沙中	金
丙寅、丁卯	炉中	火	丙申、丁酉	山下	火
戊辰、己巳	大林	木	戊戌、己亥	平地	木
庚午、辛未	路旁	土	庚子、辛丑	壁上	土
壬申、癸酉	剑锋	金	壬寅、癸卯	金箔	金
甲戌、乙亥	山头	火	甲辰、乙巳	佛灯	火
丙子、丁丑	涧下	水	丙午、丁未	天河	水
戊寅、己卯	城墙	土	戊申、己酉	大驿	土
庚辰、辛巳	白腊	金	庚戌、辛亥	钗钏	金
壬午、癸未	杨柳	木	壬子、癸丑	桑柘	木
甲申、乙酉	泉中	水	甲寅、乙卯	大溪	水
丙戌、丁亥	屋上	土	丙辰、丁巳	沙中	土
戊子、己丑	霹雳	火	戊午、己未	天上	火
庚寅、辛卯	松柏	木	庚申、辛酉	石榴	木
壬辰、癸巳	长流	水	壬戌、癸亥	大海	水

　　从上表可看出：五行中的水就有涧下水、泉中水、长流水、天河水、大溪水、大海水这 6 种，这种排列顺序显示出水势的由小及大、由弱到强；五行中的土有城墙土、屋上土、壁上土、大驿土、路旁土、沙中土，6 种土的排列顺序显示出由上及下的顺序。余可类推。

五、天干地支用于八卦

（一）八卦在《周易》中的主体地位

在民间，随着人们文化生活水平的提高，随着传统文化的日益普及，人们都知道中国有一本《周易》，但对它的具体内容有些茫茫然，或者是语焉不详。

《周易》的"易"，《辞海》解释说："有变易（穷究事物变化）、简易（执简驭繁）、不易（永恒不变）三种含义。"《周易》相传是距今3000年前的周朝人所作，所以又名为《周易》，因春秋战国时的文人曾将它列为"五经"之一，所以又称《易经》。

《周易》究竟是怎样成书的？可以说，殷商时期已经有占卜并将占卜结果用文字或符号来表述的习俗。到了东周时期就产生了用文字撰写的作为占卜工具的易、爻，这就有了《周易》雏形。后人有讲《周易》中卦辞是周文王撰写的，爻辞是周文王的儿子周武王撰写的，解说《周易》的"传"是孔子写的，并说孔子读易"韦编三绝"（即把装订简册的皮条绳子在翻阅中弄断三次）。这几种说法都是后人给推定的，并不可靠。实际上，《周易》从形成到逐臻完成，源远流长，并非哪一两位圣贤人的创造。它经历了相当悠久的时间，积聚了众多智士的心血。

毋庸置疑，《周易》最早是占筮用书。远古人们对于自然和社会现象的客观情况和规律缺乏正确认识，因之产生不少迷信活动，卜和筮便是不同形态的两种迷信活动。卜是用乌龟腹甲或牛胛骨在火上灼烤，据甲、骨上呈现的纹缝确定吉凶兆头。古人不满足于这种简单的卜问方法，以后逐渐改用蓍草卜卦，叫占筮。蓍草就是后来民间通称的蚰蜒草或锯齿草，它的茎被作为卜筮工具。卜筮时一般是用蓍草50根，又抽去1根，得49根。把它们再分成几份，数它们各自数目，这在当初叫作"揲"，然后根据揲的草形和数目设想成卦。要揲有好几次，由原先的卦再看它又变成什么卦，最后参考占筮，以预测吉凶。《周易》这部书的原始用途就是提供给占筮者应用的。初期它只是在上层社会中使用，后来逐渐地扩散开来，在文人之中受到青睐。《周易》也相应地不再是王权中央的官员如卜人、卜史、筮史等所垄断的专书了。

《周易》虽是一种占筮用的书，但并不能单纯地认为它是宣扬迷信的书。它通过卜卦的形式推测自然和社会的变化，认为阳、阴两种势力的相应作用是产生万物的根源，提出"穷则变，变则通"和"天地革而四时成"等命题，保存了很多古人的朴素辩证法的观点。所以，今人有的通过周密的考证，认为《周易》是上古的哲学书、历史书，其中卦象的纷繁变化是数学，甚至连国外的哲学、自然科学的研究人员都很重视它。

早在两千多年以前，《周易》就被奉为经书而受到文人的重视。之后研究《周易》的人越来越多，相继写出的研究著作，可谓汗牛充栋。据清朝人所编《四库全书总目提要》可知：当时收入四库全书的"经部"予以馆藏的《周易》有关著作有158部，共1757卷；附录8部，共12卷。另外只开列书目，不予收藏，甚或销毁的有

371 部，共 2371 卷。可见《周易》对我国历史文化发展产生了多么重大而深远的影响。

《周易》全书的框架是由八卦构成的。现今流传的《周易》已经不再是用以卜筮的原始形态的《周易》，它包括了"经"和"传"两大部分。其中，"经"是主要的，较早出现，它的最基本的东西就是以阴爻（－－）和阳爻（——）两种符号所组成的 8 个卦形。这 8 个卦形又演变成 64 个卦形，再加上

阴阳和八卦图

各卦的卦辞、爻辞，就是"经"的全部内容。"传"是对"经"的解释，形成于后。它有 7 个部分，共 10 篇，又叫作"十翼"，意思是这 10 篇文字是"经"的羽翼。这 10 篇文字虽然都围绕"经"中的卦辞、爻辞加以解说，但不再照旧描绘其卦形，也就是说，"十翼"摆脱了《周易》的原始形态而自成体系。

《周易》中的八卦虽只有阴爻和阳爻两种基本符号，但其变化充满奥妙。首先，每 1 个卦形都由 3 条线组成，这 3 条线或全表示阳，或全表示阴，但更多的是由阳爻与阴爻交合而成以示阴阳交感。八卦就由 8 种卦形组合而成。这 8 种卦形的基本名称是：乾、坤、震、巽、坎、离、艮、兑。其中，乾、坤两卦占特别重要的地位，古人认为乾为天、坤为地，乾坤是自然界和人类社会一切现象的最初根源。

八卦在运用中又可以相互重叠，两两相配，从而交叉构成六十四卦。这六十四卦中，每卦都是由 6 条线组合成。这 6 条线由阴爻和阳爻构成，也就是人们常说的"六爻"。六十四卦中，每卦有

卦辞，每爻有爻辞。卦形、卦辞、爻辞，共同组成《周易》的"经"部分，并分为上、下两篇，上篇三十卦，下篇三十四卦。

六十四卦内容丰富，涵盖了很多方面。古人就用它"以通神明之德，以类万物之情"，解释天地间万物的各种现象及变异。《周易》"传"部分的解说者以及后来相继研究《周易》的人们对八卦加以阐释附会，增加了许多相关内容。例如，认为八卦卦形的基本特征是：乾三连、坤六断、震仰盂、艮复碗、离中虚、坎中满、兑上缺、巽下断；八卦分别代表的自然现象是：乾为天、坤为地、震为雷、巽为风、坎为水、离为火、艮为山、兑为泽。研究者还将八卦与时间、季节、方位、人体相对应，从而充实了八卦的解说内容。

下面根据上述内容综合整理成八卦与季节、时间、方位对应情况表，并适当简化表头栏目有关说明文字，以便于读者阅读。

八卦与季节、时间、方位对应情况表

卦形	卦名	特征	寓意	季节	时间	方位		人体
						先天	后天	
☰	乾	乾三连	天	立冬	初夜	南	西北	头
☷	坤	坤六断	地	立秋	午后	北	西南	鼻
☳	震	震仰盂	雷	春分	早晨	东北	东	足
☶	艮	艮复碗	山	立春	平旦	西北	东北	手
☲	离	离中虚	火	夏至	中午	东	南	目
☵	坎	坎中满	水	冬至	半夜	西	北	耳
☱	兑	兑上缺	泽	秋分	夕晚	东南	西	口
☴	巽	巽下断	风	立夏	午前	西南	东南	股

注：本表八卦次序根据《周易·八卦取象歌》排列。

关于干支与八卦结合应用情况，可分为《周易》以内与后期研

究《周易》而出现的两方面情况来谈。

经查得知：《周易》的卦辞、爻辞中有应用干支纪日的。如前所述，"蛊"卦中讲到"先甲三日""后甲三日"，"巽"卦中讲到"先庚三日""后庚三日"。在天干纪日之外，又以天干或地支来解释卦义的，在《周易》的"经"的部分中没有，在《周易》的"传"的部分即"十翼"中也很难找到。这就可以论定：除用天干纪日之外，《周易》中的八卦与天干地支并没有对应、阐释等方面的关系。

但是，后人在研究《周易》运用八卦的漫长过程中，又加进了干支有关知识，并逐渐使两者之间有了一些对应关系。本章以下两个部分将对这方面的情况加以说明。

（二）用于十二辟卦

《周易》是我国最古老的典籍，曾被历代文人公推为"群经之首"，历史上曾有"五经""七经""九经""十三经"等说法，"经"之中，总是先述及《周易》的多。另一个方面，随着对《周易》研究的人越来越多，八卦说在民间流传也日益广泛，更有一些研究者将《周易》奉为"推天道以明人事"的宗要之书，就以八卦比附、对应许多方面的事物。本章上文曾将八卦比附自然界现象以及季节、时间、方位等情况列表简述，其实远不止这些。有以八卦比附人伦的，分别为父、母、夫、姑、兄、女、男（兑卦缺）；有以八卦比附于社会地位的，如乾为君、坎为众、离为公侯等；有比附于行为德性的，如刚健、柔顺、险、明察、远、逊、止、悦；有比附于禽兽的，如马、牛、豕、雉、龙、鸡、狗、羊；还有就器具、颜色、植物、生物状态等方面，将其细目与八卦作较详细比附的。比附往往形成较固定的对应关系，越发显示出《周易》"类万物之情"的作用。

至于将天干地支比附于八卦的含义，则是另一种情况。最初，干支除用以纪日或纪月、纪年之外，可以说不含实际的意义。大约到了东汉时期，随着对《周易》研究的深入和谶语、玄谈之风的兴起，干支也不再只是一种符号，而逐渐被赋予了时间和空间等方面的意义，并进一步与八卦的含义相结合，指代某些自然现象或社会现象。

八卦组合成的六十四卦中有十二卦能够合成完整系列，以反映出阴阳学说中阴阳相互转化的过程。《周易》研究者称这十二卦为辟卦。前面已说过，《周易》中的每一卦形的 6 条线都由阴爻和阳爻组成，辟卦也如是。若 6 条全是阳爻，就意味着阳性盈满，再接下去就是阳消阴长；若 6 条全是阴爻，就意味着阴性盈满，再接下去就是阴消阳长的过程。十二辟卦中的乾卦是 6 条阳爻，接下去的卦形依次是 5 阳 1 阴、4 阳 2 阴、3 阳 3 阴、2 阳 4 阴、1 阳 5 阴、6 阴，再接下去就是阴消阳长的过程，直至又回到乾卦的 6 阳。详见下图：

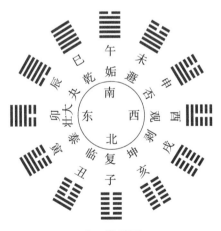

十二辟卦图

在六十四卦中，十二辟卦并不是紧紧相连排列成序而是间隔性地混合在一起。《周易》研究者将它们编排在一起，是用来说明阴阳

相互消长的过程。十二辟卦正好能和十二地支两两对应，研究者就将十二地支代替十二辟卦的名称，使其更通俗易懂，为更多的人所接受。久而久之，两者之间形成了固定的对应关系。

十二地支与十二辟卦对应关系

十二地支	子	丑	寅	卯	辰	巳	午	未	申	酉	戌	亥
十二辟卦	复	临	泰	大壮	夬	乾	姤	遯	否	观	剥	坤

也许有人会问，为什么对应地支之首"子"的是复卦，而不是代表天和地的乾卦和坤卦？这是因为，复卦表示的是阴始消阳初长，是阳的始盛期，所以用来对应子。

十二辟卦和阴阳学说有密切关系，又和十二地支相对应，其应用范围也就广泛了。首先，它可以表示一年中12个朔望月的月候，和传统的十二辰纪月法相关联，因此又名"候卦"或"月卦"；其次，它还可以和传统的十二辰纪时法相关联；再者，它也可以指代不同的方位，这可从上表中看出来：子所对应的复卦指代北方，午所对应的姤卦指代南方，其余卦同此。

当然，与十二地支相对应的辟卦还可以用来阐释很多事物的阴阳学说内容，这里不再多说。

（三）用于二十四卦

这里所说的二十四卦是指以八卦的基本名称与天干地支相配伍，共形成二十四卦，用来指代方位，有时也用来指代一天中的不同时段。最早见于唐朝人编的《周易集合解纂疏》。

在八卦的基本起卦方法中，有一种叫时间起卦法。这种方法是以年、月、日为上卦，年、月、日、时为下卦。在表述有关的年、月、日、时的实在内容时所应用的自然是天干和地支，但都仅是作为符号出现，属于纪年法范畴，并不蕴含其他意义。

干支与八卦有序地组合在一起，以反映某些物体或事象的情况，就与上述的有所不同，干支都被赋予了方位等意义。唐朝人李鼎祚毕生研究《周易》，采撷 30 多个学者的研究成果编排而成《周易集解》。该书中就有以八卦配干支，用来表示二十四方位的图。在24 个方位中，以地支命名的有 12 个，以天干命名的有 8 个（省去"戊""己"二支），以八卦命名的有 4 个（省去"坎""震""离""兑"）。在 24 个方位中，十二地支都是间隔式的排列，从"子"始，之后依次嵌入：癸、艮、甲、乙、巽、丙、丁、坤、庚、辛、乾、壬。方位图又统属于八卦，每卦分领 3 个方位，详见下图。

二十四方位图

二十四方位图虽载于唐朝人编的典籍中，但并非唐朝人所创立。《古代文化知识辞典》认为它"可能起源于古代地盘二十四方位图"。随着堪舆家的应用，二十四方位在观察阳宅、阴宅的过程中逐渐定型，并被用于作为观察工具的罗盘之内，以致收入典籍之中。直至近代人所编的有关宅基风水一类的书中，也还应用着二十四方位说，以八卦中的艮、巽、坤、乾四卦和干支、五行相配伍，用以论定阳

宅、阴宅的吉凶。

同是在唐朝期间，也有人用二十四方位来表示一天之内的 24 个平均时段。唐朝人曹士苏曾编制《符天历》，这部历书的民间小历部分就有二十四时段制。其名称依序为：子、癸、丑、艮、寅、甲、卯、乙、辰、巽、巳、丙、午、丁、未、坤、庚、酉、辛、戌、乾、亥、壬。这正好和上表中所排列的次序相同。这份小历所确定的"午时"是今天的 11：30 至 12：30（也有说是 12：00 至 13：00）。可以推算，"子时"应是夜半的 23：30 至次日 0：30，和现今的二十四时段制大体相同。

由于八卦有"万物类象"的特点，有人又将上述二十四方位图与一年中的二十四节气相对应。以地支"子"对应节气"冬至"，然后依序将十二地支与二十四节气中的 12 个节气相对，以 8 个干支和八卦中 4 个卦形依序与二十四节气中的 12 个中气相对。

六、天干地支用于中医学说

（一）中医的时间医学理论

中医学说是我国医学界对传统的医学理论加以综合、概括、总结而建立的系统理论。两千多年前编成的《黄帝内经》一书奠定了中医学说的理论基础。

一般认为，中医理论体系产生和形成的途径或建立方式有内生型和外源型两种。内生型是从医学自身经验中直接总结抽象出医学概念、命题和理论。外源型是指将医学之外的学科中某些既成的概念、命题或研究理论引入医学理论之中，与医学理论原有的医学概念相结合而建立起相应的概念、命题和理论。很明显，阴阳学说、五行学说、天文、历法、时间、干支等学科知识融入中医医学理论，其性质都应属外源型医学理论。

在中医学说的理论宝库中，时间医学部分占有很大比重。中医基础理论的核心是天人感应，《黄帝内经》一书的《灵枢·邪客》篇说：

> 天圆地方，人头圆足方以应也。天有日月，人有两目；
> 地有九州，人有九窍；天有风雨，人有喜怒；天有雷电，

人有声音……岁有三百六十五日，人有三百六十五节。

这就是天人相应的最初理论。天地是大宇宙，人体是小宇宙。大宇宙寒来暑往，岁序更叠，小宇宙随之亦然。所以，中医重视人与自然的关系，重视四时气候变化对人体的影响，强调养生防病、疗疾强身都要考虑时间因素，这就形成了时间医学。

时间医学的组成部分主要有以下三个方面：

（1）时序变化与人体生理：自然界的一切生物受四时之春温、夏热、秋凉、冬寒的气候变化影响，有春生、夏长、秋收、冬藏的生化规律。人也不例外。人体五脏功能与时序变化有关系：肝主春，心主夏，脾主长夏，肺主秋，肾主冬。中医还认为：人体气血随时序的变化而变化：春气在经脉，夏气在孙络（"孙"为"络"的别支），长夏气在肌肉，秋气在皮肤，冬气在骨髓。不仅腑脏、气血如此，人体脉象也随时序变化而变化，表现为：春浮、夏洪、秋毛、冬石。

（2）不同时令与发病规律：我们的祖先早已认识到在不同的季节里，由于气候特点的不同，萌发的病症也就有异，发病部位也有区别。近代中医学家根据《黄帝内经》一书的《素问》篇加以整理，归纳出以下发病规律：春时病在肝、头、筋，易发生鼻衄、惊骇；夏时病在心、血、脉，多见胸胁病症；长夏在脾、肌肉和舌，多见泄泻、寒中；秋时病在肺、背、皮毛，多见风疟病症；冬时病在肾、骨、四肢关节，多见痹症和厥症。

古人还认为：即使是同一种病症，随着寒暑的变化，一年中也会发生愈、甚、持、起的演变。如《黄帝内经·素问》篇云："病在肝，愈于夏；夏不愈，甚于秋；秋不死，持于冬，起于春。"这里的"愈"是痊愈，"甚"是病情加重，"持"是持平，"起"是振兴、好转。由此可见，古人对一种疾病的进退、转归和预后的说明都依附于四时演变。

（3）顺应四时阴阳的中医养生观：顺应四时阴阳的养生方法很多，归纳其主要原则，大致有春夏养阳、秋冬养阴以及春捂秋冻等。所谓春捂秋冻，就是春天不忙着减衣，秋天不忙着添衣，这是顺从春生秋收的养生大法，属于天人感应范畴。

以上所列举的中医时间学说的内容主要是扣住年节律、季节律来谈的，特别是季节律方面谈的多。但并不仅仅如此，还有扣住月节律、日节律、时节律来谈中医理论的。以下略举数例，以窥一斑。

扣住月节律的：如《素问·八正神明论》说："月始生则血气始精，卫气始行；月廓满则血气实，肌肉坚；月廓空则肌肉减，经络虚，卫气去，形独居。"说的是随着月相的圆缺及出没规律，人体气血也有盛衰消长的波动。

扣住日节律的：如《素问·生气通天论》云："阳气者，一日而主外，平旦人气生，日中而阳气隆，日西而阳气已虚。"讲的是一天之中阳气生长收藏的日律变化。

扣住时节律的：古人将一昼夜分为 12 个时辰，认为人的气血在这 12 个时辰内流注运转有所不同。针灸学说中的子午流注法对此有较详的阐述，这里从略。

人们平时所说的时间，应包括时代、年、季、月、气、候、日、时辰及时机等。中医的时间医学几乎涉及上述各个时段，只不过有的应用频率很低。但中医时间医学在表述年、季、月、日、时辰等内容时，应用的并不是序数或其他数字，而大多是用天干地支，即用干支纪年纪月纪日纪时。

不仅如此，干支在表述纪年法类功能之外，在中医学中有时还被用来指示方向、方位或部位。如根据五行说所确立的甲、乙代表东方，丙、丁代表南方等，将人体器官冠以天干来称呼，像"甲胆""乙肝""丙小肠"等。可以说，作为工具性的文字，干支早已

渗入中医学说特别是中医的时间医学。作为中医师或中医科研人员，有必要学习系统的干支知识。

（二）用于五运六气

天人感应又称天人合一，是中医理论体系的核心思想。运气学说就是在这一核心思想的指导下建立起来的。

"五运"指地面的木、火、土、金、水五行之气，由于它们运行不已，故称为"五运"。"六气"指大自然中的风、寒、热、湿、燥、火六种气候变化要素。

用天人感应的观点看，五运是与人体的五脏相对应的，即：木对应肝、火对应心、土对应脾、金对应肺、水对应肾。用同样观点看，六气与体的六经相对应，即以上述六种气候变化要素，分别对应少阴、太阴、少阳、阳明、太阳、厥阴六经。

运气学说研究的就是五运六气递相主时的规律及其对天象、气候、物候的支配作用，进而探讨气候变化与人体健康和疾病发生的关系。它主要凭借天干地支等作为演绎工具符号。因此，干支知识是运气学说的重要内容。

天干纪运就是在五运上配以天干，叫作十干统运，又称十干纪运。在五行和天干的对应关系方面，民间曾编成歌诀："东方甲乙木，南方丙丁火，中方戊己土，西方庚辛金，北方壬癸水。"都是相连的两个天干配一个五行字。而在十干纪运中就不同了。它把天干分为前后相连的两组，然后重叠起来配上一运，也就是一个五行字。《黄帝内经·素问·五运行大论》云："首甲定运，余因论之。鬼奥谷曰：土主甲己，金主乙庚，水主丙辛，木主丁壬，火主戊癸。"这段话若就岁运方面而言，意思是：凡是土运，主治甲己年；凡是金运，主治乙庚年；凡是水运，主治丙辛年；凡是木运，主治丁壬年；凡是火运，主治戊癸年。

地支纪气就是在六气上配以地支，又称地支统气。十二地支和六气的对应关系同于天干。地支分为前后两组，然后重叠起来，和六气共同相配。

地支和六气相配表

十二地支	子午	丑未	寅申	卯酉	辰戌	巳亥
三阴三阳	少阴	太阴	少阳	阳明	太阳	厥阴
六气	热	湿	火	燥	寒	风

若就人体方面而言，天干纪运就是天干配以五脏，地支纪运就是地支配以六经。两者的关系是主从关系，五脏为体，六经为用，相互作用，相互影响，保持人体的阴阳达到动态的平衡，津液和合，以利长寿。

从上述内容可以看出，中医的运气学说和干支有着密切的关系。甚至可以说，抽却干支，运气学说是难以成立的。

（三）用于子午流注

子午流注是一种针灸方法。此法根据人体气血流注的时间进程而按时选取穴位进行针灸。

就针灸学说而言，"子午"有下列几种含义：

（1）子午代表十二地支。在十二地支中，子居首位，午居第7位。

（2）子午代表阴阳。就一天而言，子属阳气初生，午属阴气初生。子午是阴阳起点的分界线。

（3）子午代表年、月、日、时。如一年 12 个月、一日 12 个时

辰各以地支命名。就一日而言，子为夜半，午在日中。

（4）子午代表寒热。如暑往则寒来，夜往则昼来。

（5）子午代表经脉。以十二地支的往复循环，表示人体气血流行的阴阳盛衰情况。

由子午以上几种含义，可知它们同人体有密切关系。

那么，子午流注是什么意思呢？流是水流，注是灌注，合起来表示人体气血流行如水灌注。人体的气血周流皆有定时。血气应时而至为盛，血气过时而去为衰，逢时穴位开，过时穴位合。泄则乘其盛，补则随其去。按照这种原则取穴针灸，就叫子午流注法。子午流注法明显地体现出时间医学的特点。

子午流注法主要有纳甲法和纳子法两种。这两种方法都和干支有密切联系。

1. 纳甲法

纳甲法又称纳天干法，因天干以"甲"字始，故称纳甲法。它是由天干、地支、阴阳、五行、脏腑、经络等综合组成的一种按时开穴针法。其基本内容就是天干与脏腑、经络的配合。前人有一首歌诀说明天干与腑脏配合的关系：

> 甲胆乙肝丙小肠，丁心戊胃己脾乡，
>
> 庚属大肠辛属肺，壬属膀胱癸肾脏，
>
> 三焦阳腑须归丙，包络从阴丁火旁，
>
> 阳干宜纳阳之腑，脏配阴干理自当。

读上面的歌诀就可知道：胆的天干代号是甲，肝的天干代号是乙，小肠的天干代号是丙……但在具体推算针灸进穴位时，还必须配合以下几方面的条件：

（1）求出时和日的干支来。纳甲法对推算日和时的干支有便捷的方法。本书在"天干地支用于纪年法"一章中介绍过类似的方法可供参考。

（2）上述的歌诀还需和五行说相结合。如胆与肝的五行都属木（甲、乙对应五行的木），甲木代表胆，乙木代表肝；心与小肠的五行都属火，丙火代表小肠，丁火代表心。

（3）上述歌诀还需和阴阳学说结合起来。十天干中的甲、丙、戊、庚、壬属阳，乙、丁、己、辛、癸为阴。纳甲针法开穴有些必须遵循的准则，如：阳进阴退；阳日阳时取阳穴，阴日阴时取阴穴；等等。这里不再细说。

2. 纳子法

纳子法又称纳地支法。因十二地支以子居首位，故名纳子法，又称十二经纳支法、十二经流注针法等。这种针法专以一日中十二地支时辰为主，不论日期的天干如何，也不论每个时辰配合的天干如何，更不考虑时辰的阴阳属性，而仅仅以一日十二辰气血流注的顺序，一个时辰流注一经，按照虚补实泻的原则取穴针灸治疗。

中医学认为，十二经脉的气血流注过程是从中焦开始，上注于肺经，再转注大肠经而胃经，终于肝经，再返回肺经。这个流注顺序以一天来说，是从寅时起流入肺经，卯时流入大肠经，辰时流入胃经……丑时流入肝经。如此周而复始地循环流注，天天如是，固定不变。由此也就形成了十二时辰和十二经两者之间固定的对应关系。

十二时辰与十二经对应表

经脉	肺经	大肠经	胃经	脾经	心经	小肠经	膀胱经	肾经	心包经	三焦经	胆经	肝经
时辰	寅	卯	辰	巳	午	未	申	酉	戌	亥	子	丑

子午流注除纳甲、纳子两种针灸法之外，还有其他针法。因本书只侧重讲其和干支的关系，所以不再赘述。仅从上述两法可看出，在两千多年间，我国的针灸医学与干支一直结有不解之缘。

（四）用于气功理论

气功在古代称为吐纳、导引、行气、坐禅等。它在我国源远流长，是我国人民在长期的生活和劳动中，在与疾病和衰老斗争实践过程中创造的一种独特的自我锻炼养生方法。它不但可以预防和治疗很多疾病，同时可以起到强身益寿的作用。

长时期以来，气功也形成了一套系统的理论，并有很多流派。但归根结底都还属于中医学说的理论范畴，因此和天人感应学说、运气学说、子午流注学说有一定的联系。它不仅明显地体现出时间医学观念，也部分地体现出空间医学观念，而这两者又都是和干支学说相联系着的。

气功很重视练功的时间性。就一天来说，认为子、卯、午、酉四个时辰练功最为合适。子时相当于夜半时分，是阴消阳生的交替时间；卯时相当于清晨，是半阳半阴时分；午时相当于中午前后，是阳消阴生的交替时间；酉时相当于黄昏，是半阴半阳时分。在这四个时段里，最好的是子时，也有人认为卯时是练功的黄金时间。

就一年来说，冬至、春分、夏至、秋分的消长变化颇似一天中的子时、卯时、午时、酉时的规律。人们认为在春、夏、秋、冬四个季节里，抓住上述的四个节气练功，并注意掌握不同节气的练功要领，就能收到好的效果。

气功也强调练功的方向性。强调春天面向东、夏天面向南、长夏正坐中宫、秋天面向西，冬天面向北。中医学把一年分为5个季节，所以这里多了个"长夏"。如前所述，这五个季节分别和十天干有联系：东方对应甲、乙，南方对应丙、丁，中宫对应戊、己，西方对应庚、辛，北方对应壬、癸。

有一部古代气功著作讲到"服气法"。此法除主张一年 12 个月练气功分别朝不同方向之外，还强调要根据不同季节选择和更换练功的最佳日期，这也是扣住干支说的。对此，科学普及出版社广东分社 1990 年出版的《中国传统气功学》一书载有实例。该书《服气精义论》有一段文字："春以六丙之日，时加巳食气……夏以六戊之日，时加未食气……长夏以六庚之日，时加申食气……秋以六壬之日，时加亥食气……冬以六甲之日，时加寅食气。"这里的六丙、六戊、六庚、六壬、六甲指的都是逢天干之日，丙、戊、庚、壬、甲都属于阴阳学说中的阳干之日。六丙，指的是干支对应组合表中的丙寅、丙子、丙戌、丙申、丙午、丙辰；六戊，指的是戊辰、戊寅、戊子、戊戌、戊申、戊午；余类推。

从古人的养生服气和练习气功讲究选择不同季节的阳干之日，可以看出传统气功和干支有渊源关系。

七、天干地支用于民俗

（一）民俗与民俗学

民俗是相当古老的，而民俗学是非常年轻的。在中华大地上，民俗已有四千多年的历史，而民俗学学科的建立尚不及百年。两者之间甚于天渊之差。

在我国历史上，关于民俗，大致有风俗、人俗、民俗、土风、民风、习俗、谣俗等不同名称。只是到了民俗研究学科兴起之后，才基本上定名为民俗，并逐渐为社会各界所接受。

大体说来，民俗有以下几个主要特点：

（1）广泛的民众性。一种民俗的形成要有广泛的民众基础，为大家所接受。极少数人的习尚、爱好还谈不上民俗。

（2）地域性。不同的民族、不同的地域会有不同的民俗现象。即使是同一种民俗（诸如结婚、祝寿、丧葬等），由于地域的差异，也会有不同的内容及不同的表现形式。

（3）传承性。一种民俗现象是适应社会发展的实际生活而随之产生的。它一旦产生就会流传开来，延续下去。这就产生了传承性。当然也有些民俗随着社会的变化而逐渐消失了。历史证明，一种民俗事象传承得越悠久，越稳固，它对历史文化发展的影响就越大。

（4）口语性。在古代，民俗的传承主要在普通民众之间进行，靠的是民间的口口相授，很少有系统的文字记载，例如广泛流传的民谣，就很少有什么文字记载。

（5）流变性。这一点是较易理解的。在一个民族中，一种风俗由于时代的发展变化，会逐渐发生变异。例如在淮北地区，旧时结婚崇尚点蜡烛、夫妻跪拜天地，现今多举行文明的结婚典礼，这样的环节已经被改良了，而丧葬则由土葬逐渐改为火葬。

我国民俗起源于传说中的黄帝时期。原始社会的先民们在从事牧业、狩猎等活动过程中遇到一些不可抗拒的变异现象或灾难，往往超出他们所具有的知识和所掌握的经验，这使他们怀疑另有一种力量支配着一切，也就是所谓"人事之外，尚有天命"，于是产生了崇拜心理，如对自然的崇拜、对鬼神的崇拜、对图腾的崇拜等。在各种崇拜活动过程中就产生了许多的习俗，例如因需要卜问天气变化、行事吉凶，就产生了以火灼龟甲、以蓍草占筮等习俗。随着历史的发展，习俗涉及的范围越来越广泛，即涉及生产、生活、婚姻、丧葬、祭祀、旅行、建筑等很多方面。作为一种有广泛群众基础、有悠久历史、有丰富内涵的社会现象，民俗将会流传千古。

我国的民俗学研究起源于五四运动时期。1918 年 2 月，时任北京大学校长蔡元培以及他的好友刘半农等人发起搜集民间歌谣活动，接着又成立与此相应的研究会，出版刊物和丛书。后来民俗学就沿着这条线扩展开来。

民俗学研究的对象主要是民众生活中有关传统习俗的内容，但又不仅限于口口相传的。从宋朝以来，我国陆续编修的地方志形成一定规模。这些旧志书中都分别记述着当地的习俗，是民俗的大档案库。清朝末期，敦煌石窟陆续出土数万卷经卷。这些经卷记述着

我国西北部地区的民俗、信仰等。这些都为现代人研究我国各民族习俗提供了重要史料。这也客观地说明，我国民俗研究不仅有深入民间的田野调查，而且有民俗文献学占据很重要的地位。

在我国，民俗初形成就和干支有着紧密的联系。或者说，干支知识的出现和形成，是在民俗这个大的社会背景下进行的。

原始社会先民从刻木记事、结绳记事进一步知道按寒暑纪日，纪日所用的就是干支。殷商时期的甲骨卜辞中保存了这方面大量史料，后来，民俗中纪年纪月纪日大多是应用干支组合的60组名称以为之。

在先民的习俗中，卜测之俗占有相当大的比重。而这些卜测之术，诸如占星术、占卜术、占梦术、相命术、风水术等，还有历代记录有民俗的历书，都融进了干支知识。这些干支知识至今还被应用着，或以干支作为演绎计算的工具，或以干支记述年、月、日及方位。在历代的地方志、历书等书籍中，都融入了大量干支知识。出土的敦煌经卷中，就有根据天干日或地支日讲述民间禁忌或择吉的。

上述情况表明，凡从事民俗学研究的人，不管是研究历史文献，抑或深入民间进行田野调查，都必须懂得较系统的干支知识。

（二）用于占卜术

占卜习俗起源于三千多年前的殷商时期。占卜就是占卦问事。最早的占卜是用火灼烤龟甲和兽骨（多为牛的肩胛骨），甲骨上会裂出多条"丫"状纹路，古人认为这些纹路预示事物发展兆头。"卜"字字形即出于此，而"卜"字读音就像火灼甲骨时的爆裂声。

殷商时期从事占卜的人被称为卜人。卜人在甲骨上记录占卜所得的征兆及预测的结果，这就形成了占卜的文辞，被称为卜辞。卜辞就是人们所说的我国最早的文字——甲骨文。卜人后来也进入宫廷，称卜官。

随着社会的发展，占卜的方法越来越多。但构成因素主要是两方面：一是要有作为占卜所凭借的工具，二是要根据占卜所显示的征兆推测未来的事。

火灼甲骨之后出现的是蓍草占卜。蓍草是多年生的草本植物，寿命很长。传说，远古皇帝尧和舜都曾用蓍草占卜并以之推算历日。后来，蓍草和星占占卜演变为八卦占卜，也就是卦占。继骨占、草占、卦占和星占之后，一度兴起的有金钱占卜、棋子占卜、贝壳占卜、测字占卜、抽签占卜、牌类占卜、黄雀占卜等。

干支和占卜有什么关系呢？这可分为两个阶段或者是两种情况来谈。最初干支作为纪日的代号出现于卜辞中，接着就有干支纪年、纪月、纪时等法融入占卜的事项中，但这都还不是主要的。后来，干支进一步直接出现，作为占卜所凭借的工具或者手段。下面分别谈。

我国近代曾出土殷朝武丁时期的甲骨卜辞。一片甲骨上记着："乙酉夕月有蚀……八月。"这要算是最早的干支纪日卜辞了。此后的卜辞中还有"己丑卜，庚雨""乙卯卜，今夕其雨""甲戌卜，大贞、今日不雨"。这其中的乙酉、己丑、乙卯、甲戌都是干支纪日，分别说明将要发生月食、将要下雨、不下雨、从事占卜的日期。这些都体现了干支和占卜的间接关系。

干支直接作为占卜所凭借的工具又可分两种情况，一是独立的如遁甲法，一是和其他占卜法并用的。独立的有六壬法，并用的如建除法。

遁甲法又称奇门遁甲，是关于历日和方位的占卜术，它是以天干作为占卜工具的。遁即逃遁、避匿。"遁甲"就是在占卜中把十天

干中的"甲"字省去，只用9天干推演。这里的"甲"不仅仅指一个甲，而是指代着60组干支组合中含甲的6组，即甲子、甲寅、甲辰、甲午、甲申、甲戌。剩下的9个天干分为两组，乙、丙、丁谓之"三奇"，戊、己、庚、辛、壬、癸谓之"六仪"。"门"指方位。

六壬法和遁甲法的不同之处主要在于：运用十天干占卜时，以壬为循环之首。在干支组合的60组名称中，有壬子、壬寅、壬辰、壬午、壬申、壬戌这6组，这就是六壬法命名的由来。此占卜法分为64课，用刻有干支的天盘、地盘相叠。转动天盘得出所值干支和时辰的部位，以壬为首，循环测算。

建除占卜又称建除十二辰或建除十二神。它是战国时期民间占卜家比照岁星在12种星宿间的运行，按干支推算，以定日期吉凶的占卜法。此法以建、除、满、平、定、执、破、危、成、收、开、闭这12个字为标志，故称为建除法。占卜家将此12字作为十二时辰，与十二地支相配，就变成：寅为建、卯为除、辰为满、巳为平、午为定、未为执、申为破、酉为危、戌为成、亥为收、子为开、丑为闭，并分别定为"主生""主隔""主少德""主大德""主太岁"等（根据《淮南子·天文训》整理）。以上是寅年中每月所配的十二神，其他年份内容有变动。在唐朝以前，这种占卜法影响很大。

（三）用于风水术

风水术，又名相地术，在民间称为看风水，古书中又称堪舆、相宅、地理、青囊术等。它是我国古人选择宅基和坟地风向山水的一种术数。专门操持此业的人被称为风水先生或阴阳先生。

风水术起源于原始村落宅基的营建。距今三千多年前的殷商时期的甲骨卜辞中有不少占卜建筑的记载。考究其内容，不外两个方面：一是根据自然条件，选择适宜的营建地点；二是通过占卜解决能否兴建、建于何地何时等问题。这种相宅方法包含了一定的唯物观点，也与当时的宗教礼俗有关。到了战国时期，相地术杂入阴阳五行内容，成为一种含有迷信的术数，长期在民间流传。

过去，人们修建改造住宅要选择吉利的时间。风水术认为每个月份中的日子都有生气、死气之分。生气与天道、月德相合，则吉利；死气冲犯天道，会有凶灾。建房动土，就应用生气之日，避开死气之日。哪些是生气之日和死气之日呢？风水术将天干、地支和八卦相糅合，规定如下：

> 正月生气在子癸，死气在午丁；
> 二月生气在丑艮，死气在未坤；
> 三月生气在寅甲，死气在申庚；
> 四月生气在卯巳，死气在酉辛；
> 五月生气在辰巽，死气在戌乾；
> 六月生气在巳丙，死气在亥壬；
> 七月生气在午丁，死气在子癸；
> 八月生气在未坤，死气在丑艮；
> 九月生气在申庚，死气在寅甲；
> 十月生气在酉辛，死气在卯己；
> 十一月生气在戌乾，死气在辰巽；
> 十二月生气在亥壬，死气在巳丙。

这里之所以要抄录全首生气死气日子的评语，是想戳穿风水术的骗局。对上述内容细加分辨，就会看出：上半年的生气之日到了下半年都变成死气之日，而下半年的生气之日正是上半年的死气之日。两者是整体对调，其顺序无论是横向的或竖向的，都未改变。这就启示人们，所谓的风水术数、格局，并不足为信。

但是，全盘否定风水术，特别是阳宅风水术也不妥。近几年来，国内不少有关学者对风水术作了深入探讨，认为风水的合理部分实际上是古人建立的"人与自然和谐学"，是中国独创的一门学科。风水术中的科学部分集天文学、地理学、园林学、伦理学、美学于一体，历经三千多年的时间检验，经过广阔地域的空间实践，具有一定的应用价值。

当今人们对风水术应充分挖掘其科学价值加以改造利用，使它为建筑业和旅游业服务。但不可否认风水术中浸透有迷信思想，人们不可痴信。明朝大学问家宋应星曾以诗讽刺痴信风水术的人，说："活人不去寻生计，只望勘舆指穴图。"今人宜深思之并明辨之。

（四）用于择吉

择吉指选择吉利的日子和方法，这是古人比较讲究的习俗。现代人们建房要选择吉祥的地点和吉利的开工日期，婚姻讲究对方家庭所居的方位，结婚选择良辰佳日。其他像商店开业、投师学艺、生产劳动、男女间订婚等也都讲究择吉利日期。这就必然和干支纪日相联系。但择吉已远远超越了历法和纪年法范畴，是人们现实生活中的实际表现，铢积寸累，形成习俗，已经归入民俗范围。

古人常说"黄道吉日"，什么是黄道吉日呢？在黄道两侧列布许多星辰，其中有明堂、青龙、金匮、玉堂、天德、司命。这6颗星之间都有一定的距离。我国古代星占家认为这6颗星都是吉星，还进而认为它们是六位神，凡是这六神主辰之日都是吉日，于是就产生了黄道吉日的说法。主辰近似现今所说值班、当班的意思。

除选择黄道吉日外，还有避开凶日的说法。

古人外出从事商旅类活动一般事先通过占卜以问吉凶，然后决定出行的方向和日期。这是有缘由的。古代传说，有一个噩神经常在四方云游，"五日正东，六日正南……五日正南，六日西南，西北仿此"。噩神是凶神恶煞，外出的人遇到它必然遭殃。为了避开云游的噩神，出行的人就要选择吉日和吉利方向。古人曾以自我为圆心，把周围的空间划为 12 个相等部分，以对应十二地支。如说子处于北方，午处于南方，卯处于东方，酉处于西方，余类推。这可看出选择吉利方向也是和十二地支有关系的。

古代农民从事生产劳动也习惯于选择吉日，老皇历中载《干支纪日用于农事举例》，对开耕、浸谷、下秧、莳田、割禾、种瓜、种菜、种豆、建造牛栏等各项农活都分别确定了"吉利"的干支日期，以供农民择吉。如开耕确定近 20 个吉利的日期，下秧定了 10 个吉利日期。古人选择吉日只看重干支纪日，并不讲究序数纪日。这大概因为有闰年月的存在，序数纪日是灵活浮动着的，不利于择吉。

建除法不仅被用来选择吉日，也被用来推定凶日，以说明不宜做些什么事。如前所述，汉代《淮南子·天文训》对此有说明，后来的建除占卜家又加以发挥将建除十二字与十二地支相对应。

建除法在我国民间习俗中是颇有影响的。唐朝以前流行较广，甚至为官方所重视。后来也一直流传，例如清朝雍正年间官方编的历书，就逐日轮流排列建除十二字，以供择定吉日等应用。尔后的历书更加具体化，省去建除十二字，在历注栏中逐日说明宜与不宜的事项内容。这样就使得干支作为占卜或择吉的演绎性工具的作用消失了。到近现代，历书的历注内容有较多的更新，有的干脆省略了历注栏，只编有年、月、日、星期、节气方面的内容，干支纪日也略去了。

但是，当今在民间实际社会生活中，择吉习俗还是存在的。例

如，淮北地区建房破土动工习惯于用偶数日期；订婚、结婚习惯于选在农历各月逢六的日子，含义是六六大顺，而对每月逢八的日子，认为其含义是扒扒拉拉，于双方都不吉利，故不用。又如，旅行外出有口头禅说"三六九，向外走"，认为农历每月逢三、六、九的日子都是吉日。

（五）用于禁忌

禁忌的"禁"是禁止的意思，一般是指来自社会或宗教的外在力量的干预；"忌"是抑制的意思，一般是指人们思想情感的自我避戒，也就是自我约束行为。合起来说，禁忌在民间叫作"忌讳"，西方民俗学著作中称之为"塔布"。它既含有社会、宗教等集体禁止个体某种行为之意，又含有个体的自我抑制之意。具体地说，远古人们所说的禁忌，就是指神物和不洁之物或危险之物不能随便接触和使用，否则便会亵渎神灵，受到惩罚；接触不洁之物或危险之物便会蒙上晦气，遭到不幸。从客观效果看，禁忌对社会秩序起到一定的维护作用，对个人则可起到一定的行为约束作用。

那么，这种约定俗成的民间禁约力量最早出现于何时？当代民俗学家认为它始于原始社会的母系制，开始是制止亲属之间发生性关系演变为乱伦禁忌，之后将图腾崇拜扩大到对神和神物的有关禁忌。那时还没有法律，禁忌实际上是受自然状态下的习惯所支配。后来，禁忌的范围逐渐扩大。从神扩大到鬼，从人扩大到物。到了春秋战国时期，禁忌被引入政治生活，国家之间、君臣之间的交往除了礼节之外，还有一些禁忌。例如，秦始皇名叫嬴政，为了避讳他名字中的"政"，正月被改称为"端月"，各种文章文件中都不能使用"政"字。又如，后来由于皇帝穿黄色龙袍，就禁止民间的人穿黄色的衣服。

禁忌和择吉颇像孪生兄妹，有时又是一个问题的两个方面。

但细加分辨就不难察觉，禁忌的范围比择吉范围大，其内容也远远比择吉多。它涉及人们实际社会生活的很多方面。即使是今天，禁忌仍存在于我们的社交和生活礼俗中。例如，过春节忌穿白色衣服，除夕那天忌串门，馈赠礼品忌送乌龟，吃梨忌夫妻俩分吃一个。总之，各地民俗禁忌很多，真是举不胜举。

上述的禁忌有的和干支不相干，有的却与干支有关联。这又可分为两种情况：一种是以干支作为演绎推算工具从而确定禁忌日期、方位或其他内容，另一种则是直接和干支纪日或干支本身相联系从而确定禁忌内容。

如民间讲究破土建房宜用黄道吉日，不能用黑道日。什么是黑道日呢？古代星占家假想天体中还有一个与黄道相类似的黑道。在黑道两侧也列布许多星辰，其中，天刑、朱雀、白虎、天牢、玄武、勾陈这6颗星是凶星，又称六神。这六神主辰（值班）之日就是凶日，不可动工建房或迁徙等。至于黑道六神主辰之日的推算方法也和黄道六神的一样，都是通过干支的辗转推算而确定的。这里不细说。

人们常说的"太岁头上动土"，包含触犯了有势力的人而自取祸殃之意，却很少有人知道这和建房禁忌有关系。太岁是古代天文学家假想的星名，设想它自东向西运转。古人又把黄道分为12等份，并以十二地支分别给每一等份命名。到了战国时期，各家学说纷起，就有方术之士把太岁说成是凶神，它所在之方为凶方，所主辰之日为凶日，不宜动土建房。若是坚持在太岁主辰之日建房就被称为是在太岁头上动土。关于太岁主辰之日，也是通过干支推算出来的。

直接以干支纪日或干支本身确定禁忌内容在古代很流行。敦煌

石窟古籍中就有不少这方面的记载。如：

（1）天干禁忌：甲不开仓，乙不栽植，丙不修造，丁不剃头，戊不受田，己不破券，庚不经络，辛不合酱，壬不决水，癸不词讼。

（2）地支禁忌：子不问卜，丑不冠带，寅不招客，卯不穿井，辰不哭泣、不远行，巳不取仆，午不盖屋，未不服药，申不裁衣、不远行，酉不会客，戌不祠祀，亥不呼归。

上述的天干禁忌和地支禁忌可能都是指干支纪日而言的。例如，"丁不剃头"就是指凡天干逢丁的日期忌剃头，"酉不会客"就是指凡地支逢酉之日忌接待客人。这里都是把天干地支完全分离开来说的。有的则是以干支复合名称来纪日的，如辛卯日勿作乐、丁酉日不会客等，这也都是有来由的。前者因春秋时期大音乐家师旷死于辛卯日，后者因为传说中的酿酒师杜康死于丁酉日。人们不在他们的死亡之干支日弹奏乐器、会客饮酒，以示对他们的尊敬和悼念。

在敦煌石窟古籍中还记载不少关于妇女、神人、门户方面的禁忌，有的也涉及干支。

当今，人们做衣是何等的随便和自由，不管是自己裁制还是送进缝纫店裁制，都无需考虑什么吉日凶日的事。在古代就不同了。汉朝时，"裁衣求吉"的民俗开始传播。东汉时期王充的《论衡·谶日》讲："九锡之礼，一曰车马，二曰裁衣，作车不求良辰，裁衣独求吉日。""九锡"原指帝王赠给大臣的九种贵重器物，"裁衣"原指帝王给大臣加服。后来，民间随君王之俗，裁衣除择吉日之外，还确定了一些禁忌之日。敦煌古籍对裁衣禁忌是这样写的：

春三月申不裁衣，

夏三月酉裁衣凶，

秋三月未不裁衣，

冬三月酉裁衣凶。

丁巳日裁衣煞人，大凶。

秋裁衣大忌，申日大吉。

血忌日不裁衣，

申日不裁衣，不死亦凶。

凡八月六日、十六日、二十二日不裁衣，凶。

以十月十日裁衣死。

朔晦日裁衣，被虎食，大凶。

上述的诸种裁衣禁忌有的和干支无关，有的则是直接指明了干支纪日的。

随着社会的进步，当今一些禁忌习俗还在民间存在，但已不复和干支有什么关系了。

八、天干地支用于预测

　　天干地支用于测评人的性格命运也是很早就有的民俗现象。它同样具有广泛的民众性、地域性、传承性、口语性、流变性等诸多特点，并且在民俗中具有重要地位，所以将其从民俗一章中析出，增设专题来记述。

（一）用于属相

　　属相就是以人的所生之年定其所属的动物，古时书面语言中一般称为生肖。这是我国具有悠久历史的民俗现象。

十二生肖图

属相的起源和远古时期人们对动物的崇拜有关，也就是和那时人们对自己所信仰的图腾的崇拜、敬奉有关。中外有关研究者都持此说。据《左传》《诗经》等书记载可知，在春秋时期，就有了属相之说。稍后的战国时期，方士等人将属相定为 12 种，但还是支离破碎不成体系的。到了东汉末年，王充写的《论衡》一书的《物势篇》正式记载有十二属相。接下来，东汉末年文人蔡邕的《月令问答》、东晋时期葛洪的《抱朴子·登陟卷》，也都有了十二生肖的记载。南北朝时期陈代的沈炯创作《十二属》诗，"十二属"的说法也随之在民间广为流传。南北朝《齐书·五行志》中就有"东昏侯属猪""崔景慧属马"等记载。到了唐朝，出现了以十二属动物作为纹饰的青铜镜。后人发掘的唐朝墓葬中，还出土了成套并完整的十二属泥俑。在珍藏于敦煌石窟的经卷中，就有不少关于马年、兔年的记载，这说明属相可用作纪年。垂及元朝，则形成了完整的生肖纪年法，载入官方的史籍或文献中，如"帝生于猪年""鼠年春，帝会诸将于铁木该"等。元朝以后至今，属相之说一直在民间递相沿传，经久不衰。

干支与属相的关系实际上就是十二地支与十二属相相互对应的关系。这种关系早在战国时期就有阴阳五行家探究过，但既不完整又不系统。大约到了东汉末年，经过王充等人的整理，才正式确定地支逢子之年就定所属动物为鼠，称鼠年；地支逢丑之年就定所属动物为牛，称牛年；等等。

十二地支与十二属相对应表

十二地支	子	丑	寅	卯	辰	巳	午	未	申	酉	戌	亥
十二属相	鼠	牛	虎	兔	龙	蛇	马	羊	猴	鸡	狗	猪

有人认为，12 种动物以趾数阴阳配以地支，奇趾配阳地支，偶

趾配阴地支。为什么将老鼠列第一位配以子呢？子时在一天中也就是午夜，相当于当天 23 时至次日 1 时。按阴阳家看来，子时前半部分属阴，后半部分属阳，居于阴尽阳生阶段，其所对应的属相也应兼备之。老鼠的前足 4 趾属阴，后足 5 趾属阳，阴阳两性兼而有之，所以就将老鼠对应子，占了第一位。

十二属相与十二地支形成固定的对应关系，便于确定生肖纪年。在以 60 年为一周期的干支纪年中，不问天干如何，凡地支是子的都是鼠年，是丑的都是牛年。

生年干支与属相（生肖）对照表

属相	鼠	牛	虎	兔	龙	蛇	马	羊	猴	鸡	狗	猪
生年干支	甲子	乙丑	丙寅	丁卯	戊辰	己巳	庚午	辛未	壬申	癸酉	甲戌	乙亥
	丙子	丁丑	戊寅	己卯	庚辰	辛巳	壬午	癸未	甲申	乙酉	丙戌	丁亥
	戊子	己丑	庚寅	辛卯	壬辰	癸巳	甲午	乙未	丙申	丁酉	戊戌	己亥
	庚子	辛丑	壬寅	癸卯	甲辰	乙巳	丙午	丁未	戊申	己酉	庚戌	辛亥
	壬子	癸丑	甲寅	乙卯	丙辰	丁巳	戊午	己未	庚申	辛酉	壬戌	癸亥

围绕属相，民间产生许多相关习俗，其中主要有两点：一是认为属相与人的性格形成有关，一是认为属相与人的婚姻有关。

先说属相与人的性格形成有关。属相又称生肖，"肖"的意思是类似、相似，成语"维妙维肖"正显示出这个意思。生肖，意即人的性格的形成和他出生那年所属动物的性格有相似之处。譬如，寅年出生的人属虎，就具备虎的勇敢自信的特性；申年出生的人属猴，就具备猴子机智、灵敏的特性；等等。这种说法很可能起源于远古的农牧业时期。人们对家畜及其他动物有了较深了解，并且与之构成了相互间的一些依存关系，进而产生了一些感情才形成的，并且流传数千年。

中国古代哲学家运用五行学说和十二生肖理念来试图解释人的

不同心理和个性特征。他们由天为主、地为从的观念出发，认为天干所对应的五行是影响先天性格的要素，地支所代表的生肖是影响先天性格而形成的类型。五行和生肖配合就衍生出多种不同的性格类型。按照天干地支的组合情况来细分，可以有 60 种不同的年份（详见本节上文生年干支与属相（生肖）对照表），因此也就衍生出 60 种不同性格类型。

近代有人就此做过专门"研究"，以表格形式排列 60 种不同年份出生的人的性格特征。地支辰是对应属相龙的。在干支组合的 60 组名称中与辰相关的有甲辰、丙辰、戊辰、庚辰、壬辰五组。这样一分就可看出，同是属相为龙的人，因出生于天干不同的龙年，也就有了不同性格类型。下面仍以龙年为例，看看可归纳出哪 5 种性格类型，借此窥见一斑。

属龙的人性格特征

性格 年干支	优点	缺点
木龙甲辰	有较强的自信心和进取精神，善于有条不紊地处理事务，勇于承认自己的不足，善于团结他人	自制力较差，缺乏坚持到底的意志品质，经常改变已定计划，不能善始善终
火龙丙辰	富于创新精神，有较强的魄力，善于设计未来并充满自信，善于鼓动，有较强的表达能力	缺乏刻苦精神和一往无前的意志品质，在挫折和失败面前极易退缩，缺乏实干精神
土龙戊辰	有高尚的信念和追求精神，不媚世俗，处事认真，严于律己，有较强的忍耐力	待人接物刻板而欠灵活，很少交友，生活比较单调
金龙庚辰	有理想，充满热情，有独到见解，对未来充满了美好的愿望，有变革现实的要求	意志脆弱，经不起挫折和失败，忽热忽冷，不能够冷静地对待生活
水龙壬辰	认真、严肃、一丝不苟，责任心强，有较强的工作能力，自信心较强	易于坚持己见，不善于团结他人，做事缺乏耐心，不善于了解他人

上述所谓的木龙、火龙、土龙、金龙、水龙是将天干和五行相

对应而确立的。由此可见，这又是信奉阴阳五行学说的人编造出来的，不足为信。

再说属相和人的婚姻有关的习俗。民间在评测男女双方婚姻宜与不宜时，通常会着眼于双方的属相，并由此推衍出很多禁忌。例如，属龙的和属虎的不宜，因龙虎相斗；属羊的和属虎的不宜，因羊落虎口；属鸡的和属狗的不宜，因鸡犬不宁；还有"马牛不相及""猪猴不到头"等说法，这些仅仅是从属相本身来评测的。若是将属相对应地支，然后再将地支和五行相对应，从而评测婚姻的宜忌就更为蕴藉难解、更为复杂了。关于这方面在此不细说，只列举现实生活中曾出现的一例。

女方属马，男方属鸡，淮北地区某地这一对青年男女在年龄、身材、仪表、文化程度、双方家庭条件等方面都有了较为和谐的印象。双方见面后本来可以顺利交谈，求得较好的发展，最终结为婚姻。但男方的母亲"心细"，觉得让算命先生算一算才放心。哪知这一算可坏了——火克金，也就是女命克男命。男方的母亲害怕了，认为儿子将来要受女方欺凌，不愿意了。

怎么会火克金呢？算命先生是根据五行学说推定的。本书前面讲干支与五行已说清了十二地支和五行的关系，其中就有巳午对应火，申酉对应金。女方属马，对应地支为午。午对应五行为火，所以女方为火。男方属鸡，对应地支酉。酉对应五行为金，所以男方为金。再按五行相克的关系看，火克金，也就是女命克男命。

算命先生推算出火克金依据的是阴阳五行，阴阳五行学说是古代的哲学思想，即使其中有些道理也不足为信。在当代，科学昌明，思想解放，如果再以火克金之类的理由来拆散一桩本来可以促成的婚姻，这显得多么不合时宜。

（二）用于推算四柱

四柱，即生辰八字。生辰指人出生的时辰，即指一个人出生的年、月、日、时。民间将这四项的时间合称为"四柱"。算命术中对人的出生年、月、日、时各用一个干支组合名称指代，共需应用八个字，于是就有了"生辰八字"提法。

1998 年敦煌文艺出版社出版《四柱预测题解》，2004 年广西人民出版社出版《神秘的八字》，这两部书都是意在引导当代八字学摒除邪说，沿着革新的方向发展和延续。特别是《神秘的八字》一书，作者不仅说明推算八字的原理及方法，还说明了批八字的常用技巧，浅显易懂。由上可知，我国民间推算生辰八字的习俗由来已久。有的人希望通过推算生辰八字，预知未来的吉凶祸福，并进而求得趋福寿避祸患的方法。近代以来即使是达官贵人，有的也热衷于推算八字，想卜算仕途中的升沉祸福。

那么，生辰八字怎样推算呢？本书的"天干地支用于纪年法"一章基本上说清楚了。该章对于有关干支的年、月、日、时的换算和推算方法都有说明，并列举了例证。只要有针对性地翻阅有关部分，问题就可迎刃而解。本书后面附录的历表也都列出了年、月、日的干支，可供参考。

以下说明读者需注意的与八字相关的几方面问题：

首先，推算八字所应用的年、月、日、时均需用农历。假若出生时间是公历的，还需先行换算为农历。

其次，推算年干支时应该以立春作为一岁之首，而不是以春节（正月初一）作为一岁之首。立春在公历里的日期虽然固定在 2 月 5 日前后，在农历里却游移不定。有时居于岁首，有时又因闰月而移于当年的岁末，有时农历一年首尾又各有一个立春节气。它的变动

范围一般从农历十二月十五日到次年正月十五日，相差可达一个月。若是在正月间的立春后出生的，则用本年的年干支；若是在正月间立春前出生的，则虽然处在本年正月，也要用上一年的年干支。例如公历 2018 年 2 月 4 日立春，这一天相当于农历 2017 年（丁酉年）的十二月十九日，对于年干支来说，若是农历十二月十九日之前出生，年干支仍用丁酉；若是在农历十二月十九日以后出生，年干支就要超前用 2018 的戊戌了。

再次，推算月干支一定结合应用二十四节气中的 12 个"节"，不可机械地以初一作为每月之首。按常理推想，推算月的干支比较容易，因为农历 12 个月份的地支是固定的，即正月为寅、二月为卯、三月为辰、四月为巳、五月为午、六月为未……此法虽有规律可循，但不能机械地搬用到推算生辰八字方面去。生辰八字的月干支是根据阴阳五行家的方法推定的，即结合二十四节气中的 12 个节气确定。在古代，我国一直使用农历，五行家将农历固定地对应二十四节气，其对应情况如下表所示。

农历月份与节气、中气对应表

月份	正月	二月	三月	四月	五月	六月	七月	八月	九月	十月	十一月	十二月
节气	立春	惊蛰	清明	立夏	芒种	小暑	立秋	白露	寒露	立冬	大雪	小寒
中气	雨水	春分	谷雨	小满	夏至	大暑	处暑	秋分	霜降	小雪	冬至	大寒

从上表可看出：二十四节气中，逢单数的都居于上一行，称"节"，逢双数的都居于下一行，称"气"。节气月每个月份都以交"节"那天为首日。如正月以立春日为首日，二月以惊蛰日为首日，三月以清明日为首日，四月以立夏日为首日。其余的依序类推。

推算月干支要处理好序数纪月和节气纪月之间的关系。如农历三月出生的人，处于清明交节之前的仍视为生于二月，清明交节后的才可视为三月。余类推。若是逢到闰月也是按上述方法推算下去。

例如，公元2001年6月5日是农历辛巳年闰四月十四日，这一天交芒种节气，按上述节气月规定，若是闰四月十四日交节时刻之前出生的都视为四月生人，若是闰四月十五日交节时刻后生的即视为五月生人。

节气月和十二地支的对应关系同于序数纪月和十二地支的对应关系，即正月仍为寅月。节气月地支确定之后，就可根据出生那年的天干来推定出生月的天干。详细方法见本书"干支纪月和推算"专题。

又次，推算日干支的时候可翻阅本书的"干支纪日和推算"专题，特别要学会运用其中的"求公历日期干支表"。

最后，推算时干支可参阅本书"干支纪时和推算"专题，此处从略。

这里不妨举出一例：某人于公历1940年10月10日08时30分出生。换为农历是庚辰年九月初十日辰时出生。初十日处于寒露节之后，仍视为九月。经过推算，此人生辰八字如下：

年	月	日	时
庚辰	丙戌	丙戌	壬辰

推算出人的生辰八字并非终极目的。下一个阶段的事就是以阴阳五行学说与生辰八字相对照，以评测生辰八字中所蕴含的人的性格、命运、事业、婚姻等情况，这统称为"批八字"，下节简述之。

（三）用于评测性格命运

批八字有一些规定的方法，也会有些技巧。其内容很多，较为凌乱芜杂，非平常人所能探知其奥秘。鉴于本书的体例，只打算紧

扣干支，着重阐述一项，那就是批八字需要具备五行学说的知识。

五行、五行相生相克、五行与天干地支相对应的关系，本书前文已设专题讲述，这里勿庸赘述，只列举一例加以说明。

上节中讲到某人1940年10月10日08时30分出生，换算为农历之后，所推算出的生辰八字是庚辰、丙戌、丙戌、壬辰。将这八个字和五行的金、木、水、火、土分别对应之后，发现其特点是土盛、缺木。算命先生就会据此作测语，诸如在给此人起名字时最好能用含有"木""草"或"竹"的字，以补命中所缺之木。从空间方面看，五行中的土居于中央方位，与东、西、南、北四个方位都是等距离的。算命先生就会推论此人适宜在家乡附近工作或创业。

批八字的规定中还有一条很重要，就是出生之日的天干（即八字中的第五个字）代表出生人自己，又简称为"日主"。上述一例八字中的出生之日的天干是丙。丙在五行中对应"火"。再根据五行相生相克的规定来统观八字中另外七个字，测出"火克"的一个方面，再测出"克火"的一个方面，然后就可以根据测出的这些情况来评说此人短期的或一生的吉凶祸福。

以上所说是传统命理学中的既定成规，人们对其不可轻信、盲从。

九、天干地支用于其他方面

本章要讲述的内容，有的已在本书以上各章中略有阐释，但并没有设立专节，也没有列出小提纲，大多一带而过，显得颇不醒豁，因此打算再次掇而述之。

另有一些应用范围并不大，但应用频率较高，也兼收并蓄而简述之。

（一）用于方位

天干地支用于方位，分天干用于方位和地支用于方位两种情况。

天干用于方位是：甲、乙指东方，丙、丁指南方，戊、己指正中，庚、辛指西方，壬、癸指北方。这往往和五行说并用，如说成东方甲乙木、南方丙丁火等。详细情况可参阅本书"天干地支用于阴阳五行学说"一章有关部分。

地支用于方位是：寅、卯指东方，巳、午指南方，申、酉指西方，亥、子指北方，辰、戌、丑、未指正中方。这样确定方位也和五行相关，通常情况说寅卯东方木、巳午南方火等。

（二）用于季节

天干地支用于季节，也分天干用于季节和地支用于季节两种情况。

先说地支，地支用于一年中的四季是：寅、卯、辰为春，巳、午、未为夏，申、酉、戌为秋，亥、子、丑为冬。此法不多用。

中医理论把一年分为五季，五季和天干相对应。我国古代医学著作《黄帝内经》中多次以五季说阐述病理病因，其中都包括长夏，指夏季里的最后一个月。摘取一例如下：

> 春者，天气始开，地气始泄，冻解冰释，水行经通，故人气在脉。夏者，经满气溢，入孙络受血，皮肤充实。长夏者，经络皆盛，内溢肌中。秋者，天气始收，腠理闭塞，皮肤引急。冬者，盖藏，血气在中，内着骨髓，通于五藏。

此段文字引自《黄帝内经·素问》，此篇还有多处说及长夏。

一年分为五个季节正好与十天干相对应，即：甲、乙为春，丙、丁为夏，戊、己为长夏，庚、辛为秋，壬、癸为冬。

（三）用于人体

天干地支用于人体，分为天干用于腑脏和地支用于经络两种。

天干用于腑脏的是两者配合，编有一个歌诀，如下：

> 甲胆乙肝丙小肠，丁心戊胃己脾乡，
>
> 庚属大肠辛属肺，壬属膀胱癸肾脏。

地支与经络相对应是：子对应胆经，丑对应肝经，寅对应肺经，卯对应大肠经。以下是：辰胃经，巳脾经，午心经，未小肠经，申膀胱经，酉肾经，戌心包经，亥三焦经。

天干地支用于人体较详细情况可参阅本书"天干地支用于中医

学说"专题中相关部分。

（四）用于人名

天干地支用于人名大致分为两种情况：一是和时间有关联，一是和时间无关联。

有的人以出生的时间来命名，如"庚生""辛卯""阿牛"指出生之年，"小酉儿""壬胖"等名指出生之时。取学名如"王辛""张己""李辰""丁戊戌"等也都和时间观念有关。

与时间无关联而应用天干地支的，大多又和五行学说有关联。如有人取名"秦丙乙"，丙在五行中属火，象征刚，乙在五行中属木，象征柔，"丙乙"合用表示火生于木，又刚柔相济。又如有人取名"蔡辛午"，辛在五行中属金，午所对应的属相是马，合起来是"金马"，这是取成语"玉堂金马"之典故，以表达对未来美好富裕生活的追求。

（五）用于指代

天干地支用于指代实际上只是天干用于指代。面对纷繁的事象、复杂的定理、冗长的名称、多种元素的性能，人们为求简明，在表述时，就以天干来代指。这样一来，天干就显示出符号的特色，类似汉语语法中的代名词。

天干用于指代大致有以下几种情况：

（1）指代数字的序数。在较长的文牍或论文之中，往往列述诸多相近相关事项，依序排定为一、二、三、四……或1、2、3、4……或（一）、（二）、（三）、（四）……但也有用十天干指代序数，

写成甲、乙、丙、丁……

（2）指代人物或团体。人们在签订合同时，往往把双方或多方的人物或团体，简称为甲方、乙方、丙方……

（3）指代级别。把商品优劣等级分为甲级、乙级、丙级……又如把医院评定为一甲、二甲、三甲、一乙、二乙、三乙等若干等级。

（4）指代性质。把肝炎类疾病分成甲肝、乙肝、丙肝。

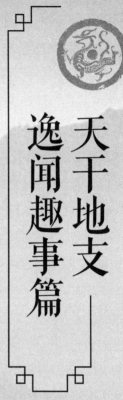

天干地支
逸闻趣事篇

一、逸闻类

（一）殷商帝王用天干纪名

微子卒，子报丁立。报丁卒，子报乙立。报乙卒，子报丙立。报丙卒，子主壬立。主壬卒，子主癸立。主癸卒，子天乙立，是为成汤……

汤崩，太子太丁未立而卒。于是乃立太丁之弟外丙为帝。外丙即位二年崩，立外丙之弟中壬为帝。中壬即位四年崩，乃立太丁之弟太甲。……太甲称太宗。太宗崩，子沃丁立。……沃丁崩，弟太庚立。太庚崩，子小甲立。小甲崩，帝雍己立。雍己崩，弟太戊立。……太戊称中宗。中宗崩，子中丁立。中丁崩，子外壬立。外壬崩，弟河亶甲立。

上文节选自西汉司马迁所著《史记·殷本纪》，仅节录此文帝王以天干纪名的前半部分，供参考。

上文讲到死时应用"卒"和"崩"两字，其含义同中有异。"卒"指王、公或士大夫之死，"崩"则特指帝王之死。

上文帝王名字在天干之前都加有以示区别的字，如中丁、沃丁、

太丁、太甲、小甲、河亶甲等。这样加字，使名字减少重复，所加字的意思约相当于今天"老""阿""小"之类，如老大、老二、阿三、阿四、小五、小六。

（二）皇帝位居子午线

在十二地支中，子和午是相对应的。依方位而论，子代表北方，午代表南方。北方与南方各自中间节点拉扯出一条直线，就叫子午线。科研人员又称之为本初子午线。

古代京城皇宫建筑很重视子午线。以城池而论，皇帝宫殿要建在城中子午线上。以皇帝议事金殿而论，又要建在皇宫建筑群的子午线上。皇帝登上金銮殿也要途经子午线。

到过北京故宫的人会发现金銮殿前面正中央的台阶建造得很特殊。它分为三个平行的结构。两侧是一级又一级的台阶，供人们徒步上下。中间是一大块倾斜而无阶梯的大青石，石面上雕刻着象征至尊权威的巨龙。这个刻有龙的青石正位于子午线上。皇帝升入金銮殿的方式是：皇帝坐于特制的轿子中，由四人分别在两侧抬着轿子拾级而上。轿子悬空经过斜面青石，正是沿子午线而上。待抬到了殿前，皇帝下轿入殿，所坐的龙椅依然是在子午线上。

（三）隐天干诗

古人有就十天干耍弄文字游戏者，所写的诗每句寓一天干字，但并不直接说出来。让读者根据诗句之意细细揣测所隐含的天干字。全诗如下：

颠倒没来由，　　　　　　　　　（甲）

十事九不就，　　　　　（乙）
两人同出一人休。　　　（丙）
可意儿难开口，　　　　（丁）
算佳期成了又还勾，　　（戊）
巴不得一点在心头。　　（己，含义实为“巳”字）
莫向平康去小求，　　　（庚）
幸书来无一语，　　　　（辛）
任人儿要弃丢，　　　　（壬）
一发卦弓鞋罢绣。　　　（癸）

（四）隐地支诗

清朝人褚人获仿照隐天干诗的字谜法，作隐地支诗。读者也需从字形变化方面揣摩它构思的精巧。全诗共 14 句。录如下：

一日思君十二时，　　　（指十二地支代十二时）
仔细思量人儿无赖，　　（子）
便扭做私情也非奴不才，（丑）
夤衣怎挨今夕撇奴不睬，（寅）
当年折柳料此际已成柴，（卯）
即蒙辱爱怎把寸衷丢开，（辰）
这卷书藏头露尾难猜，　（巳）
许多时候无言耐，　　　（午）
把失鞋抛开懒铺排，　　（未）
畅好恩情容易败，　　　（申）
一饮如泥醉醒来，
看星儿稀暗灯还在，　　（酉）

想姻缘成不到这半勾儿，　　　　（戌）

也是命当该不言了却相思债。　（亥）

（五）曲牌名隐含地支

在韵文方面，唐朝盛行诗，宋朝盛行词，元朝则盛行曲。

元曲又分为散曲和套曲。套曲是由几首或十几首形成一个整体，有机地组合成一套。

不论散曲和套曲，填写时都有比较固定的格式。对每种格式都加以命名，这就出现了曲牌。元曲的曲牌以三字的为常见，像《天净沙》《金缕曲》《彩云飞》《万年欢》《泛金波》《长寿仙》等。

古人有用曲牌名称给地支作字谜的。读者需从地支的字形、字义方面去猜测，才能知道含义。录如下：

好事近半夜女儿生，　　　　　　（子）

更漏子听鸡鸣，　　　　　　　　（丑）

下山虎伏神光退，　　　　　　　（寅）

香柳娘抛闪木兰亭，　　　　　　（卯）

点绛唇掩却樱桃小口，　　　　　（辰）

十二时刚轮一半夏初临拨草来寻，（巳）

朱奴儿藏头不见人儿面，　　　　（午）

珍珠帘将玉人半掩形和影，　　　（未）

二郎神辞退示祭品，　　　　　　（申）

沽美酒点水无存，　　　　　　　（酉）

越凭好走向花丛觅弹子，　　　　（戌）

耍孩儿半刻须分。　　　　　　　（亥）

以上每句前三字都是曲牌名。

（六）天干地支形成的阴错阳差日期

阴错阳差，原本是民间推算吉凶日期所应用的专门术语，后来转变为一般成语，其含义大致是指由于多种偶然的因素而造成了意想不到的结果。

阴错阳差的原始来历与天干地支知识紧密相关。

天干和地支相互组合成 60 组不同名称：甲子、乙丑、丙寅、丁卯……癸亥。先前的卜算家将这 60 组名称分为 4 段，每段 15 个名称。这 4 段名称开头的干支依次是甲子、己卯、甲午、己酉。

在甲子为首的一段中，15 组名称是：甲子、乙丑、丙寅、丁卯、戊辰、己巳、庚午、辛未、壬申、癸酉、甲戌、乙亥、丙子、丁丑、戊寅。在这一段中，十二地支轮流对应一遍，又余下丙子、丁丑、戊寅。这余下的就叫"差"。又因为为首的"甲"在阴阳学说中属于阳性，所以就称这三者为"阳差"。

在己卯为首的一段中，15 组名称是：己卯、庚辰、辛巳、壬午、癸未、甲申、乙酉、丙戌、丁亥、戊子、己丑、庚寅、辛卯、壬辰、癸巳。这一段中，十二地支轮流对应一遍之后，余下了辛卯、壬辰、癸巳。这余下的就叫"错"。又因为为首的天干"己"在阴阳学说中属于阴性，所以就称这三者为"阴错"。

用相同方法向下推算，在甲午为首的 15 组名称中最后三者是丙午、丁未、戊申，称为"阳差"；在己酉为首的 15 组名称中，地支轮流一遍剩下的是辛酉、壬戌、癸亥，称为"阴错"。

以上所分 4 段中共有两个"阴错"、两个"阳差"，合计是 12 组干支名称。古代卜算家就称这 12 组干支名称所逢日期为"阴错阳差之日"。

二、趣事类

（一）宋高宗领悟甲子丙子生

南宋时期第一位皇帝是高宗赵构。他对所吃的饭菜味道很讲究，经常指责御厨手艺不好。

一天，他吃馄饨，发现没有煮熟，便大发雷霆。命令太监去查是哪个厨师给做的。查清楚后，高宗就下诏把这个厨师赶出了皇宫，让他到大理寺去打杂。大理寺是当时中央的审判机关（不是寺庙名，相当于现今的最高人民法院）。这位厨师煮馄饨一时的疏忽竟被贬责到如此地步，也可看出皇帝是不易侍奉的。

没过多久，皇帝要看艺人表演戏剧、杂技等。领班的艺人俗称班头。班头出入皇宫，知道高宗贬责厨师的事，内心有些不平。他想寻找机会为那个厨师说情，就在天干地支方面做起文章来。他仓促间编了些戏剧情节教给两位演员，叫演员按设定的故事表演。

高宗皇帝进了戏场，两位演员登台表演。他俩相互道好之后接着互问年龄，一个说是甲子生，一个说是丙子生，意思是分别在甲子年出生和丙子年出生。

戏还没演完，班头就走近高宗身边说："这两个演艺的人也该到大理寺去打杂。"高宗不解其意，问道："为什么？"班头说："他俩一个把钾子（一种可吃的饼）做生了，一个把饼子做生了，这应该跟把馄饨煮生的那人是同罪的呀！"

高宗听他解释后大笑，知道这话之中的意思。看戏回来后，就下诏赦免了那个没把馄饨煮熟的厨师。

（二）戴名世妙释"甲乙号"

清朝康熙二十五年（1686年）前后，安徽桐城县有姓程的兄弟俩，共同经营一个以生产和出售布鞋为业的小店。为使生意兴隆，程氏兄弟屡请文人墨客题写店名，然而对所题皆不满意。

一日，桐城派文学大师方苞探访朋友，路过程氏兄弟店，两兄弟遂慕名请求方苞给店命名。方苞询问其身世以及其他有关情况，沉吟片刻后，提笔一挥而就，留下"甲乙号"三个大字。方苞走后，程氏兄弟十分纳闷，百思而不解"甲乙号"为何意。

又过了一段时间，文豪戴名世也经过程氏店铺，程氏兄弟俩急忙出迎，求其解释店名的含义。戴名世微笑地问："你们二位莫不是鞋匠？"兄弟俩听后颇为惊奇，心想店号与做鞋有什么关系？便顺势问道："这'甲乙号'与做鞋有关吗？"戴名世解释道："'甲'的形状像锥子，'乙'的形状如刀子。这二者不正是鞋匠必不可少的工具吗？"兄弟俩听后茅塞顿开，连声称赞道："妙、妙！"从此，方苞题字、戴名世释名的"甲乙号"店名便流传开来。

（三）两位县令就乙亥年说笑话

王完虚是明朝万历帝甲辰年（万历三十二年，1604年）考中的

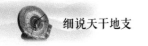

进士，一开始被封为山东省邹平县县令。有一天，他与相邻的章丘县县令见了面，相互攀谈起来。章丘县县令问王完虚是哪年出生的。王完虚答道："乙亥年（1575 年）。"他又反问章丘县县令是哪年出生的。章丘县县令答道："也是乙亥年出生的。"原来两个人同年出生。"乙亥"和"一害"谐音，王完虚就此开了个玩笑。他对章丘县县令说："我是邹平县的一害（乙亥），你老兄就是章丘一害（乙亥）哟！"

（四）华罗庚巧记干支纪年

华罗庚是我国 20 世纪中期著名的数学家。他在数学研究方面有高深造诣，在天文历算方面也有卓越建树。

有关资料记述过华罗庚纠正干支纪年的事。

华罗庚喜好古代文学。一次，他在一本古代散文选中读到苏轼的《前赤壁赋》。此文是苏轼写自己被贬谪到黄州（今湖北省黄石市）时，和友人在长江中夜游的事。开篇几句是："壬戌之秋，七月既望，苏子与客，泛舟游于赤壁之下。"该古代散文集的编注者所加注释说，壬戌之年是公元 1084 年。华罗庚看后不假思索地指出："错了，壬戌这一年应是 1082 年。"查古代纪年表知，这一年确实就是 1082 年。

由于华罗庚掌握了公元纪年和干支纪年互相换算的诀窍，所以才能颇为神速地指出其错误。

什么诀窍呢？这要从我国的公元元年说起。

根据现行的公元纪年法逆推，我国的公元元年是东汉平帝元始元年，这一年的纪年干支是辛酉，往后，第二年就是壬戌，第三年就是癸亥，第四年就是甲子。接下去就是干支组合的 60 组名称又继续循环，周而复始。

在公元纪年中，天干与之对应规律都是十进位的。天干是 10 个，它可以固定地对应 10 个数字。根据上述情况可知：辛对应 1、壬对应 2、癸对应 3、甲对应 4，其余类推。我国公元纪年两千年间也一直是保持这种对应关系。

华罗庚正是抓住了这个关键性的对应规律，所以能认定《前赤壁赋》中的"壬戌之秋"指的是 1082 年。

（五）算命先生用干支骗人

从前，有一位农妇很迷信。她的丈夫外出给财主家干活，她在家料理家务事。

农历正月初十前后，这位农妇丢失一根针，她自认为是不祥之兆，一心要找到它，就遍地寻觅。她非常认真，用筛子、簸箕筛簸了锅灶旁的垃圾和灰土，清扫了阴暗的角落，翻箱倒柜，始终没有找到。她为此坐立不安，里里外外来回走。村里人看她那失神掉魄的样子就问出了什么事，她如实讲了。

一天，村里人正在谈论这件事，适巧被一个刚进村的盲人算命先生听到了。于是，这算命先生紧走数步远离人群之后就敲起铜剪板，并高声吆喝："抽灵签，算灵卦，能知过去和未来。"他这样不断吆喝，抓住了丢针妇女的心。她凑得前来，忙打招呼，请算命先生给算命。没容那农妇把不祥之兆说出来，算命先生伸手掐指一算，打断她刚开了个头的话，说道："你最近不吉利。按着西方庚辛金，你丢失了一根针。"

那农妇一听心中佩服，忙答道："是的"。

算命先生接着又说："按照南方丙丁火，筛子筛来簸箕簸，四方

寻找没得着。"

妇人信如神明，忙问道："没找到会不吉利吗？"

算命先生叹道："按照北方壬癸水，丢了银针犯五鬼。"五鬼，又称五穷，指：智穷、命穷、文穷、钱穷、交穷，后来比喻人的境遇不吉利。

农妇听了心中很惊慌，急忙央求道："先生，那该怎么办呀？能不能破除掉？"

算命先生听出农妇的紧张情绪，知道是上了钩，便要价说："按照东方甲乙木，能用神术给破除。需破财六吊钱，外加一匹布。"

农妇一听需要这么多财物有些心疼，有所犹豫。但又一想，假使真的犯了五鬼，不知该有多大的凶祸呢！还是出点财物、图个太平算了，就答应道："行，行！"

算命先生趁机又装腔作势说："按照中央戊己土，丈夫回来，你会受辱。"

农妇一听算命先生连她丈夫出门在外都给算出来了，心想他还真会算呢。但为着要躲避五鬼，她就不管丈夫回来会受辱的事了，甘愿出钱出布，把灾除掉。她叫算命先生稍等一时，容她回家借钱取物。

她向左邻右舍借足六吊钱，又把留给丈夫做单衣的一匹布也拿出来，都交给算命先生。算命先生收了钱物，就拿出一包红色粉末交给农妇，并告诉她："包中是五鬼砂，拿回去撒在屋子四角，就可破除五鬼之灾。"妇人按照算命先生的话去做，果然感到家中平安无事，没出什么五鬼之灾。

过了将近两个月，春季已去，夏季将临，外出的丈夫回家取单衣了，农妇无衣可给。丈夫追问："咱家中的那一匹布呢，你怎么不拿出来做衣服？"农妇说了实话，丈夫一听火了，举手便打。并说："那布是用我挣的血汗钱买来的，你却白扔了。"鬼迷心窍的农妇挨着打又想起了算命先生说的"丈夫回来会受辱"的话，内心赞叹不已，认为算命先生"算"得真准呐！

　　左邻右舍见农妇丢了财物又挨打，还在说算命先生算得灵，都嘲笑她。

主要参考文献

陈久金，陈美东，1974. 临沂出土汉初古历初探 [J]. 文物 (3)：59-62.

陈梦雷，蒋廷锡，1934. 古今图书集成·历法典 [M]. 北京：中华书局.

陈勤建，2008. 中国风俗小辞典 [M]. 上海：上海辞书出版社.

陈襄民，张文学，1990. 易经答问 [M]. 郑州：中州古籍出版社.

陈垣，1962. 二十史朔闰表 [M]. 北京：中华书局.

戴兴华，1990. 我国的纪年纪月纪日法 [M]. 合肥：安徽教育出版社.

戴兴华，1999. 历法常识趣谈 [M]. 合肥：安徽科学技术出版社.

戴兴华，2006. 天干地支的源流与应用 [M]. 北京：气象出版社.

高国藩，1993. 中国民俗探微——敦煌巫术与巫术流变 [M]. 南京：河海大学出版社.

倪星原，1985. 试释天干地支之谜 [J]. 中州古今 (6)：46-47.

苏湲，2006. 殷墟之谜 [M]. 郑州：河南人民出版社.

汤有恩，1961. 公元干支推算表 [M]. 北京：文物出版社.

唐汉良，1980. 谈天干地支 [M]. 西安：陕西科学技术出版社.

唐汉良，林淑英，1994. 干支纪法详解 [M]. 西安：陕西科学技术出版社.

腾德润，2009. 神秘的八字 [M]. 南宁：广西人民出版社.

汪晓原，1992. 星占学与传统文化 [M]. 上海：上海古籍出版社.

王树本，1990. 易经——第一号成功预测 [M]. 银川：宁夏人民出版社.

张培瑜，1990. 三千五百年历日天象 [M]. 郑州：河南教育出版社.

附录 1951—2080 年阴阳干支简历表

辛卯年（1951年）

农历与干支			公历	星期
正月大	初一	丁丑	2•6	二
	十一	丁亥	2•16	五
庚寅	廿一	丁酉	2•26	一
二月小	初一	丁未	3•8	四
	十一	丁巳	3•18	日
辛卯	廿一	丁卯	3•28	三
三月大	初一	丙子	4•6	五
	十一	丙戌	4•16	一
壬辰	廿一	丙申	4•26	四
四月大	初一	丙午	5•6	日
	十一	丙辰	5•16	三
癸巳	廿一	丙寅	5•26	六
五月小	初一	丙子	6•5	二
	十一	丙戌	6•15	五
甲午	廿一	丙申	6•25	一
六月大	初一	乙巳	7•4	三
	十一	乙卯	7•14	六
乙未	廿一	乙丑	7•24	二
七月小	初一	乙亥	8•3	五
	十一	乙酉	8•13	一
丙申	廿一	乙未	8•23	四
八月大	初一	甲辰	9•1	六
	十一	甲寅	9•11	二
丁酉	廿一	甲子	9•21	五
九月小	初一	甲戌	10•1	一
	十一	甲申	10•11	四
戊戌	廿一	甲午	10•21	日
十月大	初一	癸卯	10•30	二
	十一	癸丑	11•9	五
己亥	廿一	癸亥	11•19	一
十一月小	初一	癸酉	11•29	四
	十一	癸未	12•9	日
庚子	廿一	癸巳	12•19	三
十二月大	初一	壬寅	12•28	五
	十一	壬子	1•7	一
辛丑	廿一	壬戌	1•17	四

壬辰年（1952年）

农历与干支			公历	星期
正月小	初一	壬申	1•27	日
	十一	壬午	2•6	三
壬寅	廿一	壬辰	2•16	六
二月大	初一	辛丑	2•25	一
	十一	辛亥	3•6	四
癸卯	廿一	辛酉	3•16	日
三月小	初一	辛未	3•26	三
	十一	辛巳	4•5	六
甲辰	廿一	辛卯	4•15	二
四月大	初一	庚子	4•24	四
	十一	庚戌	5•4	日
乙巳	廿一	庚申	5•14	三
五月小	初一	庚午	5•24	六
	十一	庚辰	6•3	二
丙午	廿一	庚寅	6•13	五
闰五月大	初一	己亥	6•22	日
	十一	己酉	7•2	三
	廿一	己未	7•12	六
六月小	初一	己巳	7•22	二
	十一	己卯	8•1	五
丁未	廿一	己丑	8•11	一
七月大	初一	戊戌	8•20	三
	十一	戊申	8•30	六
戊申	廿一	戊午	9•9	二
八月大	初一	戊辰	9•19	五
	十一	戊寅	9•29	一
己酉	廿一	戊子	10•9	四
九月小	初一	戊戌	10•19	日
	十一	戊申	10•29	三
庚戌	廿一	戊午	11•8	六
十月大	初一	丁卯	11•17	一
	十一	丁丑	11•27	四
辛亥	廿一	丁亥	12•7	日
十一月小	初一	丁酉	12•17	三
	十一	丁未	12•27	六
壬子	廿一	丁巳	1•6	二
十二月大	初一	丙寅	1•15	四
	十一	丙子	1•25	日
癸丑	廿一	丙戌	2•4	三

癸巳年（1953年）

农历与干支			公历	星期
正月小	初一	丙申	2·14	六
	十一	丙午	2·24	二
甲寅	廿一	丙辰	3·6	五
二月大	初一	乙丑	3·15	日
	十一	乙亥	3·25	三
乙卯	廿一	乙酉	4·4	六
三月小	初一	乙未	4·14	二
	十一	乙巳	4·24	五
丙辰	廿一	乙卯	5·4	一
四月小	初一	甲子	5·13	三
	十一	甲戌	5·23	六
丁巳	廿一	甲申	6·2	二
五月大	初一	癸巳	6·11	四
	十一	癸卯	6·21	日
戊午	廿一	癸丑	7·1	三
六月大	初一	癸亥	7·11	六
	十一	癸酉	7·21	二
己未	廿一	癸未	7·31	五
七月小	初一	癸巳	8·10	一
	十一	癸卯	8·20	四
庚申	廿一	癸丑	8·30	日
八月大	初一	壬戌	9·8	二
	十一	壬申	9·18	五
辛酉	廿一	壬午	9·28	一
九月大	初一	壬辰	10·8	四
	十一	壬寅	10·18	日
壬戌	廿一	壬子	10·28	三
十月小	初一	壬戌	11·7	六
	十一	壬申	11·17	二
癸亥	廿一	壬午	11·27	五
十一月大	初一	辛卯	12·6	日
	十一	辛丑	12·16	三
甲子	廿一	辛亥	12·26	六
十二月小	初一	辛酉	1·5	二
	十一	辛未	1·15	五
乙丑	廿一	辛巳	1·25	一

甲午年（1954年）

农历与干支			公历	星期
正月大	初一	庚寅	2·3	三
	十一	庚子	2·13	六
丙寅	廿一	庚戌	2·23	二
二月小	初一	庚申	3·5	五
	十一	庚午	3·15	一
丁卯	廿一	庚辰	3·25	四
三月大	初一	己丑	4·3	六
	十一	己亥	4·13	二
戊辰	廿一	己酉	4·23	五
四月小	初一	己未	5·3	一
	十一	己巳	5·13	四
己巳	廿一	己卯	5·23	日
五月小	初一	戊子	6·1	二
	十一	戊戌	6·11	五
庚午	廿一	戊申	6·21	一
六月大	初一	丁巳	6·30	三
	十一	丁卯	7·10	六
辛未	廿一	丁丑	7·20	二
七月小	初一	丁亥	7·30	五
	十一	丁酉	8·9	一
壬申	廿一	丁未	8·19	四
八月大	初一	丙辰	8·28	六
	十一	丙寅	9·7	二
癸酉	廿一	丙子	9·17	五
九月大	初一	丙戌	9·27	一
	十一	丙申	10·7	四
甲戌	廿一	丙午	10·17	日
十月小	初一	丙辰	10·27	三
	十一	丙寅	11·6	六
乙亥	廿一	丙子	11·16	二
十一月大	初一	乙酉	11·25	四
	十一	乙未	12·5	日
丙子	廿一	乙巳	12·15	三
十二月大	初一	乙卯	12·25	六
	十一	乙丑	1·4	二
丁丑	廿一	乙亥	1·14	五

乙未年（1955年）

农历与干支			公历	星期
正月小	初一	乙酉	1•24	一
	十一	乙未	2•3	四
戊寅	廿一	乙巳	2•13	日
二月大	初一	甲寅	2•22	二
	十一	甲子	3•4	五
己卯	廿一	甲戌	3•14	一
三月小	初一	甲申	3•24	四
	十一	甲午	4•3	日
庚辰	廿一	甲辰	4•13	三
闰三月大	初一	癸丑	4•22	五
	十一	癸亥	5•2	一
	廿一	癸酉	5•12	四
四月小	初一	癸未	5•22	日
	十一	癸巳	6•1	三
辛巳	廿一	癸卯	6•11	六
五月小	初一	壬子	6•20	一
	十一	壬戌	6•30	四
壬午	廿一	壬申	7•10	日
六月大	初一	辛巳	7•19	二
	十一	辛卯	7•29	五
癸未	廿一	辛丑	8•8	一
七月小	初一	辛亥	8•18	四
	十一	辛酉	8•28	日
甲申	廿一	辛未	9•7	三
八月大	初一	庚辰	9•16	五
	十一	庚寅	9•26	一
乙酉	廿一	庚子	10•6	四
九月小	初一	庚戌	10•16	日
	十一	庚申	10•26	三
丙戌	廿一	庚午	11•5	六
十月大	初一	己卯	11•14	一
	十一	己丑	11•24	四
丁亥	廿一	己亥	12•4	日
十一月大	初一	己酉	12•14	三
	十一	己未	12•24	六
戊子	廿一	己巳	1•3	二
十二月大	初一	己卯	1•13	五
	十一	己丑	1•23	一
己丑	廿一	己亥	2•22	四

丙申年（1956年）

农历与干支			公历	星期
正月小	初一	己酉	2•12	日
	十一	己未	2•22	三
庚寅	廿一	己巳	3•3	六
二月大	初一	戊寅	3•12	一
	十一	戊子	3•22	四
辛卯	廿一	戊戌	4•1	日
三月小	初一	戊申	4•11	三
	十一	戊午	4•21	六
壬辰	廿一	戊辰	5•1	二
四月大	初一	丁丑	5•10	四
	十一	丁亥	5•20	日
癸巳	廿一	丁酉	5•30	三
五月小	初一	丁未	6•9	六
	十一	丁巳	6•19	二
甲午	廿一	丁卯	6•29	五
六月小	初一	丙子	7•8	日
	十一	丙戌	7•18	三
乙未	廿一	丙申	7•28	六
七月大	初一	乙巳	8•6	一
	十一	乙卯	8•16	四
丙申	廿一	乙丑	8•26	日
八月小	初一	乙亥	9•5	三
	十一	乙酉	9•15	六
丁酉	廿一	乙未	9•25	二
九月大	初一	甲辰	10•4	四
	十一	甲寅	10•14	日
戊戌	廿一	甲子	10•24	三
十月小	初一	甲戌	11•3	六
	十一	甲申	11•13	二
己亥	廿一	甲午	11•23	五
十一月大	初一	癸卯	12•2	日
	十一	癸丑	12•12	三
庚子	廿一	癸亥	12•22	六
十二月大	初一	癸酉	1•1	二
	十一	癸未	1•11	五
辛丑	廿一	癸巳	1•21	一

丁酉年（1957年）

农历与干支			公历	星期
正月大	初一	癸卯	1•31	四
	十一	癸丑	2•10	日
壬寅	廿一	癸亥	2•20	三
二月小	初一	癸酉	3•2	六
	十一	癸未	3•12	二
癸卯	廿一	癸巳	3•22	五
三月大	初一	壬寅	3•31	日
	十一	壬子	4•10	三
甲辰	廿一	壬戌	4•20	六
四月小	初一	壬申	4•30	二
	十一	壬午	5•10	五
乙巳	廿一	壬辰	5•20	一
五月大	初一	辛丑	5•29	三
	十一	辛亥	6•8	六
丙午	廿一	辛酉	6•18	二
六月小	初一	辛未	6•28	五
	十一	辛巳	7•8	一
丁未	廿一	辛卯	7•18	四
七月小	初一	庚子	7•27	六
	十一	庚戌	8•6	二
戊申	廿一	庚申	8•16	五
八月大	初一	己巳	8•25	日
	十一	己卯	9•4	三
己酉	廿一	己丑	9•14	六
闰八月小	初一	己亥	9•24	二
	十一	己酉	10•4	五
	廿一	己未	10•14	一
九月大	初一	戊辰	10•23	三
	十一	戊寅	11•2	六
庚戌	廿一	戊子	11•12	二
十月小	初一	戊戌	11•22	五
	十一	戊申	12•2	一
辛亥	廿一	戊午	12•12	四
十一月大	初一	丁卯	12•21	六
	十一	丁丑	12•31	二
壬子	廿一	丁亥	1•10	五
十二月小	初一	丁酉	1•20	一
	十一	丁未	1•30	四
癸丑	廿一	丁巳	2•9	日

戊戌年（1958年）

农历与干支			公历	星期
正月大	初一	丙寅	2•18	二
	十一	丙子	2•28	五
甲寅	廿一	丙戌	3•10	一
二月大	初一	丙申	3•20	四
	十一	丙午	3•30	日
乙卯	廿一	丙辰	4•9	三
三月大	初一	丙寅	4•19	六
	十一	丙子	4•29	二
丙辰	廿一	丙戌	5•9	五
四月小	初一	丙申	5•19	一
	十一	丙午	5•29	四
丁巳	廿一	丙辰	6•8	日
五月大	初一	乙丑	6•17	二
	十一	乙亥	6•27	五
戊午	廿一	乙酉	7•7	一
六月小	初一	乙未	7•17	四
	十一	乙巳	7•27	日
己未	廿一	乙卯	8•6	三
七月小	初一	甲子	8•15	五
	十一	甲戌	8•25	一
庚申	廿一	甲申	9•4	四
八月大	初一	癸巳	9•13	六
	十一	癸卯	9•23	二
辛酉	廿一	癸丑	10•3	五
九月小	初一	癸亥	10•13	一
	十一	癸酉	10•23	四
壬戌	廿一	癸未	11•2	日
十月大	初一	壬辰	11•11	二
	十一	壬寅	11•21	五
癸亥	廿一	壬子	12•1	一
十一月小	初一	壬戌	12•11	四
	十一	壬申	12•21	日
甲子	廿一	壬午	12•31	三
十二月大	初一	辛卯	1•9	五
	十一	辛丑	1•19	一
乙丑	廿一	辛亥	1•29	四

己亥年（1959年）

农历与干支			公历	星期
正月小	初一	辛酉	2•8	日
	十一	辛未	2•18	三
丙寅	廿一	辛巳	2•28	六
二月大	初一	庚寅	3•9	一
	十一	庚子	3•19	四
丁卯	廿一	庚戌	3•29	日
三月大	初一	庚申	4•8	三
	十一	庚午	4•18	六
戊辰	廿一	庚辰	4•28	二
四月小	初一	庚寅	5•8	五
	十一	庚子	5•18	一
己巳	廿一	庚戌	5•28	四
五月大	初一	己未	6•6	六
	十一	己巳	6•16	二
庚午	廿一	己卯	6•26	五
六月小	初一	己丑	7•6	一
	十一	己亥	7•16	四
辛未	廿一	己酉	7•26	日
七月大	初一	戊午	8•4	二
	十一	戊辰	8•14	五
壬申	廿一	戊寅	8•24	一
八月小	初一	戊子	9•3	四
	十一	戊戌	9•13	日
癸酉	廿一	戊申	9•23	三
九月大	初一	丁巳	10•2	五
	十一	丁卯	10•12	一
甲戌	廿一	丁丑	10•22	四
十月小	初一	丁亥	11•1	日
	十一	丁酉	11•11	三
乙亥	廿一	丁未	11•21	六
十一月大	初一	丙辰	11•30	一
	十一	丙寅	12•10	四
丙子	廿一	丙子	12•20	日
十二月小	初一	丙戌	12•30	三
	十一	丙申	1•9	六
丁丑	廿一	丙午	1•19	二

庚子年（1960年）

农历与干支			公历	星期
正月大	初一	乙卯	1•28	四
	十一	乙丑	2•7	日
庚寅	廿一	乙亥	2•17	三
二月小	初一	乙酉	2•27	六
	十一	乙未	3•8	二
己卯	廿一	乙巳	3•18	五
三月大	初一	甲寅	3•27	日
	十一	甲子	4•6	三
庚辰	廿一	甲戌	4•16	六
四月小	初一	甲申	4•26	二
	十一	甲午	5•6	五
辛巳	廿一	甲辰	5•16	一
五月大	初一	癸丑	5•25	三
	十一	癸亥	6•4	六
壬午	廿一	癸酉	6•14	二
六月大	初一	癸未	6•24	五
	十一	癸巳	7•4	一
癸未	廿一	癸卯	7•14	四
闰六月小	初一	癸丑	7•24	日
	十一	癸亥	8•3	三
	廿一	癸酉	8•13	六
七月大	初一	壬午	8•22	一
	十一	壬辰	9•1	四
甲申	廿一	壬寅	9•11	日
八月小	初一	壬子	9•21	三
	十一	壬戌	10•1	六
乙酉	廿一	壬申	10•11	二
九月大	初一	辛巳	10•20	四
	十一	辛卯	10•30	日
丙戌	廿一	辛丑	11•9	三
十月小	初一	辛亥	11•19	六
	十一	辛酉	11•29	二
丁亥	廿一	辛未	12•9	五
十一月大	初一	庚辰	12•18	日
	十一	庚寅	12•28	三
戊子	廿一	庚子	1•7	六
十二月小	初一	庚戌	1•17	二
	十一	庚申	1•27	五
己丑	廿一	庚午	2•6	一

169

辛丑年（1961年）

农历与干支			公历	星期
正月大	初一	己卯	2•15	三
	十一	己丑	2•25	六
庚寅	廿一	己亥	3•7	二
二月小	初一	己酉	3•17	五
	十一	己未	3•27	一
辛卯	廿一	己巳	4•6	四
三月大	初一	戊寅	4•15	六
	十一	戊子	4•25	二
壬辰	廿一	戊戌	5•5	五
四月小	初一	戊申	5•15	一
	十一	戊午	5•25	四
癸巳	廿一	戊辰	6•4	日
五月大	初一	丁丑	6•13	二
	十一	丁亥	6•23	五
甲午	廿一	丁酉	7•3	一
六月小	初一	丁未	7•13	四
	十一	丁巳	7•23	日
乙未	廿一	丁卯	8•2	三
七月大	初一	丙子	8•11	五
	十一	丙戌	8•21	一
丙申	廿一	丙申	8•31	四
八月大	初一	丙午	9•10	日
	十一	丙辰	9•20	三
丁酉	廿一	丙寅	9•30	六
九月小	初一	丙子	10•10	二
	十一	丙戌	10•20	五
戊戌	廿一	丙申	10•30	一
十月大	初一	乙巳	11•8	三
	十一	乙卯	11•18	六
己亥	廿一	乙丑	11•28	二
十一月小	初一	乙亥	12•8	五
	十一	乙酉	12•18	一
庚子	廿一	乙未	12•28	四
十二月大	初一	甲辰	1•6	六
	十一	甲寅	1•16	二
辛丑	廿一	甲子	1•26	五

壬寅年（1962年）

农历与干支			公历	星期
正月小	初一	甲戌	2•5	一
	十一	甲申	2•15	四
壬寅	廿一	甲午	2•25	日
二月大	初一	癸卯	3•6	二
	十一	癸丑	3•16	五
癸卯	廿一	癸亥	3•26	一
三月小	初一	癸酉	4•5	四
	十一	癸未	4•15	日
甲辰	廿一	癸巳	4•25	三
四月小	初一	壬寅	5•4	五
	十一	壬子	5•14	一
乙巳	廿一	壬戌	5•24	四
五月大	初一	辛未	6•2	六
	十一	辛巳	6•12	二
丙午	廿一	辛卯	6•22	五
六月小	初一	辛丑	7•2	一
	十一	辛亥	7•12	四
丁未	廿一	辛酉	7•22	日
七月大	初一	庚午	7•31	二
	十一	庚辰	8•10	五
戊申	廿一	庚寅	8•20	一
八月大	初一	庚子	8•30	四
	十一	庚戌	9•9	日
己酉	廿一	庚申	9•19	三
九月小	初一	庚午	9•29	六
	十一	庚辰	10•9	二
庚戌	廿一	庚寅	10•19	五
十月大	初一	己亥	10•28	日
	十一	己酉	11•7	三
辛亥	廿一	己未	11•17	六
十一月大	初一	己巳	11•27	二
	十一	己卯	12•7	五
壬子	廿一	己丑	12•17	一
十二月小	初一	己亥	12•27	四
	十一	己酉	1•6	日
癸丑	廿一	己未	1•16	三

癸卯年（1963年）

农历与干支			公历	星期
正月大	初一	戊辰	1·25	五
	十一	戊寅	2·4	一
甲寅	廿一	戊子	2·14	四
二月小	初一	戊戌	2·24	日
	十一	戊申	3·6	三
乙卯	廿一	戊午	3·16	六
三月大	初一	丁卯	3·25	一
	十一	丁丑	4·4	四
丙辰	廿一	丁亥	4·14	日
四月小	初一	丁酉	4·24	三
	十一	丁未	5·4	六
丁巳	廿一	丁巳	5·14	二
闰四月小	初一	丙寅	5·23	四
	十一	丙子	6·2	日
	廿一	丙戌	6·12	三
五月大	初一	乙未	6·21	五
	十一	乙巳	7·1	一
戊午	廿一	乙卯	7·11	四
六月小	初一	乙丑	7·21	日
	十一	乙亥	7·31	三
己未	廿一	乙酉	8·10	六
七月大	初一	甲午	8·19	一
	十一	甲辰	8·29	四
庚申	廿一	甲寅	9·8	日
八月小	初一	甲子	9·18	三
	十一	甲戌	9·28	六
辛酉	廿一	甲申	10·8	二
九月大	初一	癸巳	10·17	四
	十一	癸卯	10·27	日
壬戌	廿一	癸丑	11·6	三
十月大	初一	癸亥	11·16	六
	十一	癸酉	11·26	二
癸亥	廿一	癸未	12·6	五
十一月大	初一	癸巳	12·16	一
	十一	癸卯	12·26	四
甲子	廿一	癸丑	1·5	日
十二月小	初一	癸亥	1·15	三
	十一	癸酉	1·25	六
乙丑	廿一	癸未	2·4	二

甲辰年（1964年）

农历与干支			公历	星期
正月大	初一	壬辰	2·13	四
	十一	壬寅	2·23	日
丙寅	廿一	壬子	3·4	三
二月小	初一	壬戌	3·14	六
	十一	壬申	3·24	二
丁卯	廿一	壬午	4·3	五
三月大	初一	辛卯	4·12	日
	十一	辛丑	4·22	三
戊辰	廿一	辛亥	5·2	六
四月小	初一	辛酉	5·12	二
	十一	辛未	5·22	五
己巳	廿一	辛巳	6·1	一
五月小	初一	庚寅	6·10	三
	十一	庚子	6·20	六
庚午	廿一	庚戌	6·30	二
六月大	初一	己未	7·9	四
	十一	己巳	7·19	日
辛未	廿一	己卯	7·29	三
七月小	初一	己丑	8·8	六
	十一	己亥	8·18	二
壬申	廿一	己酉	8·28	五
八月大	初一	戊午	9·6	日
	十一	戊辰	9·16	三
癸酉	廿一	戊寅	9·26	六
九月小	初一	戊子	10·6	二
	十一	戊戌	10·16	五
甲戌	廿一	戊申	10·26	一
十月大	初一	丁巳	11·4	三
	十一	丁卯	11·14	六
乙亥	廿一	丁丑	11·24	二
十一月大	初一	丁亥	12·4	五
	十一	丁酉	12·14	一
丙子	廿一	丁未	12·24	四
十二月大	初一	丁巳	1·3	日
	十一	丁卯	1·13	三
丁丑	廿一	丁丑	1·23	六

乙巳年（1965年）

农历与干支			公历	星期
正月小	初一	丁亥	2・2	二
	十一	丁酉	2・12	五
戊寅	廿一	丁未	2・22	一
二月大	初一	丙辰	3・3	三
	十一	丙寅	3・13	六
己卯	廿一	丙子	3・23	二
三月小	初一	丙戌	4・2	五
	十一	丙申	4・12	一
庚辰	廿一	丙午	4・22	四
四月大	初一	乙卯	5・1	六
	十一	乙丑	5・11	二
辛巳	廿一	乙亥	5・21	五
五月小	初一	乙酉	5・31	一
	十一	乙未	6・10	四
壬午	廿一	乙巳	6・20	日
六月小	初一	甲寅	6・29	二
	十一	甲子	7・9	五
癸未	廿一	甲戌	7・19	一
七月大	初一	癸未	7・28	三
	十一	癸巳	8・7	六
甲申	廿一	癸卯	8・17	二
八月小	初一	癸丑	8・27	五
	十一	癸亥	9・6	一
乙酉	廿一	癸酉	9・16	四
九月小	初一	壬午	9・25	六
	十一	壬辰	10・5	二
丙戌	廿一	壬寅	10・15	五
十月大	初一	辛亥	10・24	日
	十一	辛酉	11・3	三
丁亥	廿一	辛未	11・13	六
十一月大	初一	辛巳	11・23	二
	十一	辛卯	12・3	五
戊子	廿一	辛丑	12・13	一
十二月小	初一	辛亥	12・23	四
	十一	辛酉	1・2	日
己丑	廿一	辛未	1・12	三

丙午年（1966年）

农历与干支			公历	星期
正月大	初一	庚辰	1・21	五
	十一	庚寅	1・31	一
庚寅	廿一	庚子	2・10	四
二月大	初一	庚戌	2・20	日
	十一	庚申	3・2	三
辛卯	廿一	庚午	3・12	六
三月大	初一	庚辰	3・22	二
	十一	庚寅	4・1	五
壬辰	廿一	庚子	4・11	一
闰三月小	初一	庚戌	4・21	四
	十一	庚申	5・1	日
	廿一	庚午	5・11	三
四月大	初一	己卯	5・20	五
	十一	己丑	5・30	一
癸巳	廿一	己亥	6・9	四
五月小	初一	己酉	6・19	日
	十一	己未	6・29	三
甲午	廿一	己巳	7・9	六
六月小	初一	戊寅	7・18	一
	十一	戊子	7・28	四
乙未	廿一	戊戌	8・7	日
七月大	初一	丁未	8・16	二
	十一	丁巳	8・26	五
丙申	廿一	丁卯	9・5	一
八月小	初一	丁丑	9・15	四
	十一	丁亥	9・25	日
丁酉	廿一	丁酉	10・5	三
九月小	初一	丙午	10・14	五
	十一	丙辰	10・24	一
戊戌	廿一	丙寅	11・3	四
十月大	初一	乙亥	11・12	六
	十一	乙酉	11・22	二
己亥	廿一	乙未	12・2	五
十一月大	初一	乙巳	12・12	一
	十一	乙卯	12・22	四
庚子	廿一	乙丑	1・1	日
十二月小	初一	乙亥	1・11	三
	十一	乙酉	1・21	六
辛丑	廿一	乙未	1・31	二

丁未年（1967年）

农历与干支			公历	星期
正月大	初一	甲辰	2・9	四
	十一	甲寅	2・19	日
壬寅	廿一	甲子	3・1	三
二月大	初一	甲戌	3・11	六
	十一	甲申	3・21	二
癸卯	廿一	甲午	3・31	五
三月小	初一	甲辰	4・10	一
	十一	甲寅	4・20	四
甲辰	廿一	甲子	4・30	日
四月大	初一	癸酉	5・9	二
	十一	癸未	5・19	五
乙巳	廿一	癸巳	5・29	一
五月大	初一	癸卯	6・8	四
	十一	癸丑	6・18	日
丙午	廿一	癸亥	6・28	三
六月大	初一	癸酉	7・8	六
	十一	癸未	7・18	二
丁未	廿一	癸巳	7・28	五
七月小	初一	壬寅	8・6	日
	十一	壬子	8・16	三
戊申	廿一	壬戌	8・26	六
八月大	初一	辛未	9・4	一
	十一	辛巳	9・14	四
己酉	廿一	辛卯	9・24	日
九月小	初一	辛丑	10・4	三
	十一	辛亥	10・14	六
庚戌	廿一	辛酉	10・24	二
十月大	初一	庚午	11・2	四
	十一	庚辰	11・12	日
辛亥	廿一	庚寅	11・22	三
十一月小	初一	庚子	12・2	六
	十一	庚戌	12・12	二
壬子	廿一	庚申	12・22	五
十二月大	初一	己巳	12・31	日
	十一	己卯	1・10	三
癸丑	廿一	己丑	1・20	六

戊申年（1968年）

农历与干支			公历	星期
正月小	初一	己亥	1・30	二
	十一	己酉	2・9	五
甲寅	廿一	己未	2・19	一
二月大	初一	戊辰	2・28	三
	十一	戊寅	3・9	六
乙卯	廿一	戊子	3・19	二
三月小	初一	戊戌	3・29	五
	十一	戊申	4・8	一
丙辰	廿一	戊午	4・18	四
四月大	初一	丁卯	4・27	六
	十一	丁丑	5・7	二
丁巳	廿一	丁亥	5・17	五
五月大	初一	丁酉	5・27	一
	十一	丁未	6・6	四
戊午	廿一	丁巳	6・16	日
六月小	初一	丁卯	6・26	三
	十一	丁丑	7・6	六
己未	廿一	丁亥	7・16	二
七月大	初一	丙申	7・25	四
	十一	丙午	8・4	日
庚申	廿一	丙辰	8・14	三
闰七月小	初一	丙寅	8・24	六
	十一	丙子	9・3	二
	廿一	丙戌	9・13	五
八月大	初一	乙未	9・22	日
	十一	乙巳	10・2	三
辛酉	廿一	乙卯	10・12	六
九月小	初一	乙丑	10・22	二
	十一	乙亥	11・1	五
壬戌	廿一	乙酉	11・11	一
十月大	初一	甲午	11・20	三
	十一	甲辰	11・30	六
癸亥	廿一	甲寅	12・10	二
十一月小	初一	甲子	12・20	五
	十一	甲戌	12・30	一
甲子	廿一	甲申	1・9	四
十二月大	初一	癸巳	1・18	六
	十一	癸卯	1・28	二
乙丑	廿一	癸丑	2・7	五

己酉年（1969年）

农历与干支			公历	星期
正月小	初一	癸亥	2•17	一
	十一	癸酉	2•27	四
丙寅	廿一	癸未	3•9	日
二月大	初一	壬辰	3•18	二
	十一	壬寅	3•28	五
丁卯	廿一	壬子	4•7	一
三月小	初一	壬戌	4•17	四
	十一	壬申	4•27	日
戊辰	廿一	壬午	5•7	三
四月大	初一	辛卯	5•16	五
	十一	辛丑	5•26	一
己巳	廿一	辛亥	6•5	四
五月小	初一	辛酉	6•15	日
	十一	辛未	6•25	三
庚午	廿一	辛巳	7•5	六
六月大	初一	庚寅	7•14	一
	十一	庚子	7•24	四
辛未	廿一	庚戌	8•3	日
七月大	初一	庚申	8•13	三
	十一	庚午	8•23	六
壬申	廿一	庚辰	9•2	二
八月小	初一	庚寅	9•12	五
	十一	庚子	9•22	一
癸酉	廿一	庚戌	10•2	四
九月大	初一	己未	10•11	六
	十一	己巳	10•21	二
甲戌	廿一	己卯	10•31	五
十月小	初一	己丑	11•10	一
	十一	己亥	11•20	四
乙亥	廿一	己酉	11•30	日
十一月大	初一	戊午	12•9	二
	十一	戊辰	12•19	五
丙子	廿一	戊寅	12•29	一
十二月小	初一	戊子	1•8	四
	十一	戊戌	1•18	日
丁丑	廿一	戊申	1•28	三

庚戌年（1970年）

农历与干支			公历	星期
正月大	初一	丁巳	2•6	五
	十一	丁卯	2•16	一
戊寅	廿一	丁丑	2•26	四
二月小	初一	丁亥	3•8	日
	十一	丁酉	3•18	三
己卯	廿一	丁未	3•28	六
三月小	初一	丙辰	4•6	一
	十一	丙寅	4•16	四
庚辰	廿一	丙子	4•26	日
四月大	初一	乙酉	5•5	二
	十一	乙未	5•15	五
辛巳	廿一	乙巳	5•25	一
五月小	初一	乙卯	6•4	四
	十一	乙丑	6•14	日
壬午	廿一	乙亥	6•24	三
六月大	初一	甲申	7•3	五
	十一	甲午	7•13	一
癸未	廿一	甲辰	7•23	四
七月大	初一	甲寅	8•2	日
	十一	甲子	8•12	三
甲申	廿一	甲戌	8•22	六
八月小	初一	甲申	9•1	二
	十一	甲午	9•11	五
乙酉	廿一	甲辰	9•21	一
九月大	初一	癸丑	9•30	三
	十一	癸亥	10•10	六
丙戌	廿一	癸酉	10•20	二
十月大	初一	癸未	10•30	五
	十一	癸巳	11•9	一
丁亥	廿一	癸卯	11•19	四
十一月小	初一	癸丑	11•29	日
	十一	癸亥	12•9	三
戊子	廿一	癸酉	12•19	六
十二月大	初一	壬午	12•28	一
	十一	壬辰	1•7	四
己丑	廿一	壬寅	1•17	日

辛亥年（1971年）

农历与干支			公历	星期
正月小	初一	壬子	1•27	三
	十一	壬戌	2•6	六
庚寅	廿一	壬申	2•16	二
二月大	初一	辛巳	2•25	四
	十一	辛卯	3•7	日
辛卯	廿一	辛丑	3•17	三
三月小	初一	辛亥	3•27	六
	十一	辛酉	4•6	二
壬辰	廿一	辛未	4•16	五
四月小	初一	庚辰	4•25	日
	十一	庚寅	5•5	三
癸巳	廿一	庚子	5•15	六
五月大	初一	己酉	5•24	一
	十一	己未	6•3	四
甲午	廿一	己巳	6•13	日
闰五月小	初一	己卯	6•23	三
	十一	己丑	7•3	六
	廿一	己亥	7•13	二
六月大	初一	戊申	7•22	四
	十一	戊午	8•1	日
乙未	廿一	戊辰	8•11	三
七月小	初一	戊寅	8•21	六
	十一	戊子	8•31	二
丙申	廿一	戊戌	9•10	五
八月大	初一	丁未	9•19	日
	十一	丁巳	9•29	三
丁酉	廿一	丁卯	10•9	六
九月大	初一	丁丑	10•19	二
	十一	丁亥	10•29	五
戊戌	廿一	丁酉	11•8	一
十月大	初一	丁未	11•18	四
	十一	丁巳	11•28	日
己亥	廿一	丁卯	12•8	三
十一月小	初一	丁丑	12•18	六
	十一	丁亥	12•28	二
庚子	廿一	丁酉	1•7	五
十二月大	初一	丙午	1•16	日
	十一	丙辰	1•26	三
辛丑	廿一	丙寅	2•5	六

壬子年（1972年）

农历与干支			公历	星期
正月小	初一	丙子	2•15	二
	十一	丙戌	2•25	五
壬寅	廿一	丙申	3•6	一
二月大	初一	乙巳	3•15	三
	十一	乙卯	3•25	六
癸卯	廿一	乙丑	4•4	二
三月小	初一	乙亥	4•14	五
	十一	乙酉	4•24	一
甲辰	廿一	乙未	5•4	四
四月小	初一	甲辰	5•13	六
	十一	甲寅	5•23	二
乙巳	廿一	甲子	6•2	五
五月大	初一	癸酉	6•11	日
	十一	癸未	6•21	三
丙午	廿一	癸巳	7•1	六
六月小	初一	癸卯	7•11	二
	十一	癸丑	7•21	五
丁未	廿一	癸亥	7•31	一
七月大	初一	壬申	8•9	三
	十一	壬午	8•19	六
戊申	廿一	壬辰	8•29	二
八月小	初一	壬寅	9•8	五
	十一	壬子	9•18	一
己酉	廿一	壬戌	9•28	四
九月大	初一	辛未	10•7	六
	十一	辛巳	10•17	二
庚戌	廿一	辛卯	10•27	五
十月大	初一	辛丑	11•6	一
	十一	辛亥	11•16	四
辛亥	廿一	辛酉	11•26	日
十一月小	初一	辛未	12•6	三
	十一	辛巳	12•16	六
壬子	廿一	辛卯	12•26	二
十二月大	初一	庚子	1•4	四
	十一	庚戌	1•14	日
癸丑	廿一	庚申	1•24	三

癸丑年（1973年）

农历与干支			公历	星期
正月大 甲寅	初一 十一 廿一	庚午 庚辰 庚寅	2•3 2•13 2•23	六 二 五
二月小 乙卯	初一 十一 廿一	庚子 庚戌 庚申	3•5 3•15 3•25	一 四 日
三月大 丙辰	初一 十一 廿一	己巳 己卯 己丑	4•3 4•13 4•23	二 五 一
四月小 丁巳	初一 十一 廿一	己亥 己酉 己未	5•3 5•13 5•23	四 日 三
五月小 戊午	初一 十一 廿一	戊辰 戊寅 戊子	6•1 6•11 6•21	五 一 四
六月大 己未	初一 十一 廿一	丁酉 丁未 丁巳	6•30 7•10 7•20	六 二 五
七月小 庚申	初一 十一 廿一	丁卯 丁丑 丁亥	7•30 8•9 8•19	一 四 日
八月小 辛酉	初一 十一 廿一	丙申 丙午 丙辰	8•28 9•7 9•17	二 五 一
九月大 壬戌	初一 十一 廿一	乙丑 乙亥 乙酉	9•26 10•6 10•16	三 六 二
十月大 癸亥	初一 十一 廿一	乙未 乙巳 乙卯	10•26 11•5 11•15	五 一 四
十一月小 甲子	初一 十一 廿一	乙丑 乙亥 乙酉	11•25 12•5 12•15	日 三 六
十二月大 乙丑	初一 十一 廿一	甲午 甲辰 甲寅	12•24 1•3 1•13	一 四 日

甲寅年（1974年）

农历与干支			公历	星期
正月大 丙寅	初一 十一 廿一	甲子 甲戌 甲申	1•23 2•2 2•12	三 六 二
二月大 丁卯	初一 十一 廿一	甲午 甲辰 甲寅	2•22 3•4 3•14	五 一 四
三月小 戊辰	初一 十一 廿一	甲子 甲戌 甲申	3•24 4•3 4•13	日 三 六
四月大 己巳	初一 十一 廿一	癸巳 癸卯 癸丑	4•22 5•2 5•12	一 四 日
闰四月小	初一 十一 廿一	癸亥 癸酉 癸未	5•22 6•1 6•11	三 六 二
五月小 庚午	初一 十一 廿一	壬辰 壬寅 壬子	6•20 6•30 7•10	四 日 三
六月大 辛未	初一 十一 廿一	辛酉 辛未 辛巳	7•19 7•29 8•8	五 一 四
七月小 壬申	初一 十一 廿一	辛卯 辛丑 辛亥	8•18 8•28 9•7	日 三 六
八月小 癸酉	初一 十一 廿一	庚申 庚午 庚辰	9•16 9•26 10•6	一 四 日
九月大 甲戌	初一 十一 廿一	己丑 己亥 己酉	10•15 10•25 11•4	二 五 一
十月大 乙亥	初一 十一 廿一	己未 己巳 己卯	11•14 11•24 12•4	四 日 三
十一月小 丙子	初一 十一 廿一	己丑 己亥 己酉	12•14 12•24 1•3	六 二 五
十二月大 丁丑	初一 十一 廿一	戊午 戊辰 戊寅	1•12 1•22 2•1	日 三 六

乙卯年（1975年）

农历与干支			公历	星期
正月大	初一	戊子	2·11	二
	十一	戊戌	2·21	五
戊寅	廿一	戊申	3·3	一
二月大	初一	戊午	3·13	四
	十一	戊辰	3·23	日
己卯	廿一	戊寅	4·2	三
三月小	初一	戊子	4·12	六
	十一	戊戌	4·22	二
庚辰	廿一	戊申	5·2	五
四月大	初一	丁巳	5·11	日
	十一	丁卯	5·21	三
辛巳	廿一	丁丑	5·31	六
五月小	初一	丁亥	6·10	二
	十一	丁酉	6·20	五
壬午	廿一	丁未	6·30	一
六月小	初一	丙辰	7·9	三
	十一	丙寅	7·19	六
癸未	廿一	丙子	7·29	二
七月大	初一	乙酉	8·7	四
	十一	乙未	8·17	日
甲申	廿一	乙巳	8·27	三
八月小	初一	乙卯	9·6	六
	十一	乙丑	9·16	二
乙酉	廿一	乙亥	9·26	五
九月小	初一	甲申	10·5	日
	十一	甲午	10·15	三
丙戌	廿一	甲辰	10·25	六
十月大	初一	癸丑	11·3	一
	十一	癸亥	11·13	四
丁亥	廿一	癸酉	11·23	日
十一月小	初一	癸未	12·3	三
	十一	癸巳	12·13	六
戊子	廿一	癸卯	12·23	二
十二月大	初一	壬子	1·1	四
	十一	壬戌	1·11	日
己丑	廿一	壬申	1·21	三

丙辰年（1976年）

农历与干支			公历	星期
正月大	初一	壬午	1·31	六
	十一	壬辰	2·10	二
庚寅	廿一	壬寅	2·20	五
二月大	初一	壬子	3·1	一
	十一	壬戌	3·11	四
辛卯	廿一	壬申	3·21	日
三月小	初一	壬午	3·31	三
	十一	壬辰	4·10	六
壬辰	廿一	壬寅	4·20	二
四月大	初一	辛亥	4·29	四
	十一	辛酉	5·9	日
癸巳	廿一	辛未	5·19	三
五月小	初一	辛巳	5·29	六
	十一	辛卯	6·8	二
甲午	廿一	辛丑	6·18	五
六月大	初一	庚戌	6·27	日
	十一	庚申	7·7	三
乙未	廿一	庚午	7·17	六
七月小	初一	庚辰	7·27	二
	十一	庚寅	8·6	五
丙申	廿一	庚子	8·16	一
八月大	初一	己酉	8·25	三
	十一	己未	9·4	六
丁酉	廿一	己巳	9·14	二
闰八月小	初一	己卯	9·24	五
	十一	己丑	10·4	一
	廿一	己亥	10·14	四
九月小	初一	戊申	10·23	六
	十一	戊午	11·2	二
戊戌	廿一	戊辰	11·12	五
十月大	初一	丁丑	11·21	日
	十一	丁亥	12·1	三
己亥	廿一	丁酉	12·11	六
十一月小	初一	丁未	12·21	二
	十一	丁巳	12·31	五
庚子	廿一	丁卯	1·10	一
十二月大	初一	丙子	1·19	三
	十一	丙戌	1·29	六
辛丑	廿一	丙申	2·8	二

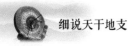

丁巳年（1977年）

农历与干支			公历	星期
正月大	初一	丙午	2·18	五
	十一	丙辰	2·28	一
壬寅	廿一	丙寅	3·10	四
二月小	初一	丙子	3·20	日
	十一	丙戌	3·30	三
癸卯	廿一	丙申	4·9	六
三月大	初一	乙巳	4·18	一
	十一	乙卯	4·28	四
甲辰	廿一	乙丑	5·8	日
四月大	初一	乙亥	5·18	三
	十一	乙酉	5·28	六
乙巳	廿一	乙未	6·7	二
五月小	初一	乙巳	6·17	五
	十一	乙卯	6·27	一
丙午	廿一	乙丑	7·7	四
六月大	初一	甲戌	7·16	六
	十一	甲申	7·26	二
丁未	廿一	甲午	8·5	五
七月小	初一	甲辰	8·15	一
	十一	甲寅	8·25	四
戊申	廿一	甲子	9·4	日
八月大	初一	癸酉	9·13	二
	十一	癸未	9·23	五
己酉	廿一	癸巳	10·3	一
九月小	初一	癸卯	10·13	四
	十一	癸丑	10·23	日
庚戌	廿一	癸亥	11·2	三
十月大	初一	壬申	11·11	五
	十一	壬午	11·21	一
辛亥	廿一	壬辰	12·1	四
十一月小	初一	壬寅	12·11	日
	十一	壬子	12·21	三
壬子	廿一	壬戌	12·31	六
十二月小	初一	辛未	1·9	一
	十一	辛巳	1·19	四
癸丑	廿一	辛卯	1·29	日

戊午年（1978年）

农历与干支			公历	星期
正月大	初一	庚子	2·7	二
	十一	庚戌	2·17	五
甲寅	廿一	庚申	2·27	一
二月小	初一	庚午	3·9	四
	十一	庚辰	3·19	日
乙卯	廿一	庚寅	3·29	三
三月大	初一	己亥	4·7	五
	十一	己酉	4·17	一
丙辰	廿一	己未	4·27	四
四月大	初一	己巳	5·7	日
	十一	己卯	5·17	三
丁巳	廿一	己丑	5·27	六
五月小	初一	己亥	6·6	二
	十一	己酉	6·16	五
戊午	廿一	己未	6·26	一
六月大	初一	戊辰	7·5	三
	十一	戊寅	7·15	六
己未	廿一	戊子	7·25	二
七月大	初一	戊戌	8·4	五
	十一	戊申	8·14	一
庚申	廿一	戊午	8·24	四
八月小	初一	戊辰	9·3	日
	十一	戊寅	9·13	三
辛酉	廿一	戊子	9·23	六
九月大	初一	丁酉	10·2	一
	十一	丁未	10·12	四
壬戌	廿一	丁巳	10·22	日
十月小	初一	丁卯	11·1	三
	十一	丁丑	11·11	六
癸亥	廿一	丁亥	11·21	二
十一月大	初一	丙申	11·30	四
	十一	丙午	12·10	日
甲子	廿一	丙辰	12·20	三
十二月小	初一	丙寅	12·30	六
	十一	丙子	1·9	二
乙丑	廿一	丙戌	1·19	五

己未年（1979年）

农历与干支			公历	星期
正月大	初一	乙未	1•28	日
	十一	乙巳	2•7	三
丙寅	廿一	乙卯	2•17	六
二月小	初一	乙丑	2•27	二
	十一	乙亥	3•9	五
丁卯	廿一	乙酉	3•19	一
三月小	初一	甲午	3•28	三
	十一	甲辰	4•7	六
戊辰	廿一	甲寅	4•17	二
四月大	初一	癸亥	4•26	四
	十一	癸酉	5•6	日
己巳	廿一	癸未	5•16	三
五月小	初一	癸巳	5•26	六
	十一	癸卯	6•5	二
庚午	廿一	癸丑	6•15	五
六月大	初一	壬戌	6•24	日
	十一	壬申	7•4	三
辛未	廿一	壬午	7•14	六
闰六月大	初一	壬辰	7•24	二
	十一	壬寅	8•3	五
	廿一	壬子	8•13	一
七月小	初一	壬戌	8•23	四
	十一	壬申	9•2	日
壬申	廿一	壬午	9•12	三
八月大	初一	辛卯	9•21	五
	十一	辛丑	10•1	一
癸酉	廿一	辛亥	10•11	四
九月大	初一	辛酉	10•21	日
	十一	辛未	10•31	三
甲戌	廿一	辛巳	11•10	六
十月小	初一	辛卯	11•20	二
	十一	辛丑	11•30	五
乙亥	廿一	辛亥	12•10	一
十一月大	初一	庚申	12•19	三
	十一	庚午	12•29	六
丙子	廿一	庚辰	1•8	二
十二月小	初一	庚寅	1•18	五
	十一	庚子	1•28	一
丁丑	廿一	庚戌	2•7	四

庚申年（1980年）

农历与干支			公历	星期
正月大	初一	己未	2•16	六
	十一	己巳	2•26	二
戊寅	廿一	己卯	3•7	五
二月小	初一	己丑	3•17	一
	十一	己亥	3•27	四
己卯	廿一	己酉	4•6	日
三月小	初一	戊午	4•15	二
	十一	戊辰	4•25	五
庚辰	廿一	戊寅	5•5	一
四月大	初一	丁亥	5•14	三
	十一	丁酉	5•24	六
辛巳	廿一	丁未	6•3	二
五月小	初一	丁巳	6•13	五
	十一	丁卯	6•23	一
壬午	廿一	丁丑	7•3	四
六月大	初一	丙戌	7•12	六
	十一	丙申	7•22	二
癸未	廿一	丙午	8•1	五
七月小	初一	丙辰	8•11	一
	十一	丙寅	8•21	四
甲申	廿一	丙子	8•31	日
八月大	初一	乙酉	9•9	二
	十一	乙未	9•19	五
乙酉	廿一	乙巳	9•29	一
九月大	初一	乙卯	10•9	四
	十一	乙丑	10•19	日
丙戌	廿一	乙亥	10•29	三
十月小	初一	乙酉	11•8	六
	十一	乙未	11•18	二
丁亥	廿一	乙巳	11•28	五
十一月大	初一	甲寅	12•7	日
	十一	甲子	12•17	三
戊子	廿一	甲戌	12•27	六
十二月大	初一	甲申	1•6	二
	十一	甲午	1•16	五
己丑	廿一	甲辰	1•26	一

辛酉年（1981年）

农历与干支			公历	星期
正月小	初一	甲寅	2•5	四
	十一	甲子	2•15	日
庚寅	廿一	甲戌	2•25	三
二月大	初一	癸未	3•6	五
	十一	癸巳	3•16	一
辛卯	廿一	癸卯	3•26	四
三月小	初一	癸丑	4•5	日
	十一	癸亥	4•15	三
壬辰	廿一	癸酉	4•25	六
四月小	初一	壬午	5•4	一
	十一	壬辰	5•14	四
癸巳	廿一	壬寅	5•24	日
五月大	初一	辛亥	6•2	二
	十一	辛酉	6•12	五
甲午	廿一	辛未	6•22	一
六月小	初一	辛巳	7•2	四
	十一	辛卯	7•12	日
乙未	廿一	辛丑	7•22	三
七月小	初一	庚戌	7•31	五
	十一	庚申	8•10	一
丙申	廿一	庚午	8•20	四
八月大	初一	己卯	8•29	六
	十一	己丑	9•8	二
丁酉	廿一	己亥	9•18	五
九月大	初一	己酉	9•28	一
	十一	己未	10•8	四
戊戌	廿一	己巳	10•18	日
十月小	初一	己卯	10•28	三
	十一	己丑	11•7	六
己亥	廿一	己亥	11•17	二
十一月大	初一	戊申	11•26	四
	十一	戊午	12•6	日
庚子	廿一	戊辰	12•16	三
十二月大	初一	戊寅	12•26	六
	十一	戊子	1•5	二
辛丑	廿一	戊戌	1•15	五

壬戌年（1982年）

农历与干支			公历	星期
正月大	初一	戊申	1•25	一
	十一	戊午	2•4	四
壬寅	廿一	戊辰	2•14	日
二月小	初一	戊寅	2•24	三
	十一	戊子	3•6	六
癸卯	廿一	戊戌	3•16	二
三月大	初一	丁未	3•25	四
	十一	丁巳	4•4	日
甲辰	廿一	丁卯	4•14	三
四月小	初一	丁丑	4•24	六
	十一	丁亥	5•4	二
乙巳	廿一	丁酉	5•14	五
闰四月小	初一	丙午	5•23	日
	十一	丙辰	6•2	三
	廿一	丙寅	6•12	六
五月大	初一	乙亥	6•21	一
	十一	乙酉	7•1	四
丙午	廿一	乙未	7•11	日
六月小	初一	乙巳	7•21	三
	十一	乙卯	7•31	六
丁未	廿一	乙丑	8•10	二
七月小	初一	甲戌	8•19	四
	十一	甲申	8•29	日
戊申	廿一	甲午	9•8	三
八月大	初一	癸卯	9•17	五
	十一	癸丑	9•27	一
己酉	廿一	癸亥	10•7	四
九月小	初一	癸酉	10•17	日
	十一	癸未	10•27	三
庚戌	廿一	癸巳	11•6	六
十月大	初一	壬寅	11•15	一
	十一	壬子	11•25	四
辛亥	廿一	壬戌	12•5	日
十一月大	初一	壬申	12•15	三
	十一	壬午	12•25	六
壬子	廿一	壬辰	1•4	二
十二月大	初一	壬寅	1•14	五
	十一	壬子	1•24	一
癸丑	廿一	壬戌	2•3	四

癸亥年（1983年）

农历与干支			公历	星期
正月大	初一	壬申	2•13	日
	十一	壬午	2•23	三
甲寅	廿一	壬辰	3•5	六
二月小	初一	壬寅	3•15	二
	十一	壬子	3•25	五
乙卯	廿一	壬戌	4•4	一
三月大	初一	辛未	4•13	三
	十一	辛巳	4•23	六
丙辰	廿一	辛卯	5•3	二
四月小	初一	辛丑	5•13	五
	十一	辛亥	5•23	一
丁巳	廿一	辛酉	6•2	四
五月大	初一	庚午	6•11	六
	十一	庚辰	6•21	二
戊午	廿一	庚寅	7•1	五
六月大	初一	己亥	7•10	日
	十一	己酉	7•20	三
己未	廿一	己未	7•30	六
七月小	初一	己巳	8•9	二
	十一	己卯	8•19	五
庚申	廿一	己丑	8•29	一
八月小	初一	戊戌	9•7	三
	十一	戊申	9•17	六
辛酉	廿一	戊午	9•27	二
九月大	初一	丁卯	10•6	四
	十一	丁丑	10•16	日
壬戌	廿一	丁亥	10•26	三
十月小	初一	丁酉	11•5	六
	十一	丁未	11•15	二
癸亥	廿一	丁巳	11•25	五
十一月大	初一	丙寅	12•4	日
	十一	丙子	12•14	三
甲子	廿一	丙戌	12•24	六
十二月大	初一	丙申	1•3	二
	十一	丙午	1•13	五
乙丑	廿一	丙辰	1•23	一

甲子年（1984年）

农历与干支			公历	星期
正月大	初一	丙寅	2•2	四
	十一	丙子	2•12	日
丙寅	廿一	丙戌	2•22	三
二月小	初一	丙申	3•3	六
	十一	丙午	3•13	二
丁卯	廿一	丙辰	3•23	五
三月大	初一	乙丑	4•1	日
	十一	乙亥	4•11	三
戊辰	廿一	乙酉	4•21	六
四月大	初一	乙未	5•1	二
	十一	乙巳	5•11	五
己巳	廿一	乙卯	5•21	一
五月小	初一	乙丑	5•31	四
	十一	乙亥	6•10	日
庚午	廿一	乙酉	6•20	三
六月小	初一	甲午	6•29	五
	十一	甲辰	7•9	一
辛未	廿一	甲寅	7•19	四
七月大	初一	癸亥	7•28	六
	十一	癸酉	8•7	二
壬申	廿一	癸未	8•17	五
八月小	初一	癸巳	8•27	一
	十一	癸卯	9•6	四
癸酉	廿一	癸丑	9•16	日
九月小	初一	壬戌	9•25	二
	十一	壬申	10•5	五
甲戌	廿一	壬午	10•15	一
十月大	初一	辛卯	10•24	三
	十一	辛丑	11•3	六
乙亥	廿一	辛亥	11•13	二
闰十月小	初一	辛酉	11•23	五
	十一	辛未	12•3	一
	廿一	辛巳	12•13	四
十一月大	初一	庚寅	12•22	六
	十一	庚子	1•1	二
丙子	廿一	庚戌	1•11	五
十二月大	初一	庚申	1•21	一
	十一	庚午	1•31	四
丁丑	廿一	庚辰	2•10	日

乙丑年（1985年）

农历与干支			公历	星期
正月小 戊寅	初一	庚寅	2·20	三
	十一	庚子	3·2	六
	廿一	庚戌	3·12	二
二月大 己卯	初一	己未	3·21	四
	十一	己巳	3·31	日
	廿一	己卯	4·10	三
三月大 庚辰	初一	己丑	4·20	六
	十一	己亥	4·30	二
	廿一	己酉	5·10	五
四月小 辛巳	初一	己未	5·20	一
	十一	己巳	5·30	四
	廿一	己卯	6·9	日
五月大 壬午	初一	戊子	6·18	二
	十一	戊戌	6·28	五
	廿一	戊申	7·8	一
六月小 癸未	初一	戊午	7·18	四
	十一	戊辰	7·28	日
	廿一	戊寅	8·7	三
七月大 甲申	初一	丁亥	8·16	五
	十一	丁酉	8·26	一
	廿一	丁未	9·5	四
八月小 乙酉	初一	丁巳	9·15	日
	十一	丁卯	9·25	三
	廿一	丁丑	10·5	六
九月小 丙戌	初一	丙戌	10·14	一
	十一	丙申	10·24	四
	廿一	丙午	11·3	日
十月大 丁亥	初一	乙卯	11·12	二
	十一	乙丑	11·22	五
	廿一	乙亥	12·2	一
十一月小 戊子	初一	乙酉	12·12	四
	十一	乙未	12·22	日
	廿一	乙巳	1·1	三
十二月大 己丑	初一	甲寅	1·10	五
	十一	甲子	1·20	一
	廿一	甲戌	1·30	四

丙寅年（1986年）

农历与干支			公历	星期
正月小 庚寅	初一	甲申	2·9	日
	十一	甲午	2·19	三
	廿一	甲辰	3·1	六
二月大 辛卯	初一	癸丑	3·10	一
	十一	癸亥	3·20	四
	廿一	癸酉	3·30	日
三月大 壬辰	初一	癸未	4·9	三
	十一	癸巳	4·19	六
	廿一	癸卯	4·29	二
四月小 癸巳	初一	癸丑	5·9	五
	十一	癸亥	5·19	一
	廿一	癸酉	5·29	四
五月大 甲午	初一	壬午	6·7	六
	十一	壬辰	6·17	二
	廿一	壬寅	6·27	五
六月大 乙未	初一	壬子	7·7	一
	十一	壬戌	7·17	四
	廿一	壬申	7·27	日
七月小 丙申	初一	壬午	8·6	三
	十一	壬辰	8·16	六
	廿一	壬寅	8·26	二
八月大 丁酉	初一	辛亥	9·4	四
	十一	辛酉	9·14	日
	廿一	辛未	9·24	三
九月小 戊戌	初一	辛巳	10·4	六
	十一	辛卯	10·14	二
	廿一	辛丑	10·24	五
十月大 己亥	初一	庚戌	11·2	日
	十一	庚申	11·12	三
	廿一	庚午	11·22	六
十一月小 庚子	初一	庚辰	12·2	二
	十一	庚寅	12·12	五
	廿一	庚子	12·22	一
十二月小 辛丑	初一	己酉	12·31	三
	十一	己未	1·10	六
	廿一	己巳	1·20	二

丁卯年（1987年）

农历与干支			公历	星期
正月大	初一	戊寅	1·29	四
	十一	戊子	2·8	日
壬寅	廿一	戊戌	2·18	三
二月小	初一	戊申	2·28	六
	十一	戊午	3·10	二
癸卯	廿一	戊辰	3·20	五
三月大	初一	丁丑	3·29	日
	十一	丁亥	4·8	三
甲辰	廿一	丁酉	4·18	六
四月小	初一	丁未	4·28	二
	十一	丁巳	5·8	五
乙巳	廿一	丁卯	5·18	一
五月大	初一	丙子	5·27	三
	十一	丙戌	6·6	六
丙午	廿一	丙申	6·16	二
六月大	初一	丙午	6·26	五
	十一	丙辰	7·6	一
丁未	廿一	丙寅	7·16	四
闰六月小	初一	丙子	7·26	日
	十一	丙戌	8·5	三
	廿一	丙申	8·15	六
七月大	初一	乙巳	8·24	一
	十一	乙卯	9·3	四
戊申	廿一	乙丑	9·13	日
八月大	初一	乙亥	9·23	三
	十一	乙酉	10·3	六
己酉	廿一	乙未	10·13	二
九月小	初一	乙巳	10·23	五
	十一	乙卯	11·2	一
庚戌	廿一	乙丑	11·12	四
十月大	初一	甲戌	11·21	六
	十一	甲申	12·1	二
辛亥	廿一	甲午	12·11	五
十一月小	初一	甲辰	12·21	一
	十一	甲寅	12·31	四
壬子	廿一	甲子	1·10	日
十二月小	初一	癸酉	1·19	二
	十一	癸未	1·29	五
癸丑	廿一	癸巳	2·8	一

戊辰年（1988年）

农历与干支			公历	星期
正月大	初一	壬寅	2·17	三
	十一	壬子	2·27	六
甲寅	廿一	壬戌	3·8	二
二月小	初一	壬申	3·18	五
	十一	壬午	3·28	一
乙卯	廿一	壬辰	4·7	四
三月大	初一	辛丑	4·16	六
	十一	辛亥	4·26	二
丙辰	廿一	辛酉	5·6	五
四月小	初一	辛未	5·16	一
	十一	辛巳	5·26	四
丁巳	廿一	辛卯	6·5	日
五月大	初一	庚子	6·14	二
	十一	庚戌	6·24	五
戊午	廿一	庚申	7·4	一
六月小	初一	庚午	7·14	四
	十一	庚辰	7·24	日
己未	廿一	庚寅	8·3	三
七月大	初一	己亥	8·12	五
	十一	己酉	8·22	一
庚申	廿一	己未	9·1	四
八月大	初一	己巳	9·11	日
	十一	己卯	9·21	三
辛酉	廿一	己丑	10·1	六
九月小	初一	己亥	10·11	二
	十一	己酉	10·21	五
壬戌	廿一	己未	10·31	一
十月大	初一	戊辰	11·9	三
	十一	戊寅	11·19	六
癸亥	廿一	戊子	11·29	二
十一月大	初一	戊戌	12·9	五
	十一	戊申	12·19	一
甲子	廿一	戊午	12·29	四
十二月小	初一	戊辰	1·8	日
	十一	戊寅	1·18	三
乙丑	廿一	戊子	1·28	六

己巳年（1989年）

农历与干支			公历	星期
正月大	初一	丁酉	2•6	一
	十一	丁未	2•16	四
丙寅	廿一	丁巳	2•26	日
二月小	初一	丁卯	3•8	三
	十一	丁丑	3•18	六
丁卯	廿一	丁亥	3•28	二
三月小	初一	丙申	4•6	四
	十一	丙午	4•16	日
戊辰	廿一	丙辰	4•26	三
四月大	初一	乙丑	5•5	五
	十一	乙亥	5•15	一
己巳	廿一	乙酉	5•25	四
五月小	初一	乙未	6•4	日
	十一	乙巳	6•14	三
庚午	廿一	乙卯	6•24	六
六月大	初一	甲子	7•3	一
	十一	甲戌	7•13	四
辛未	廿一	甲申	7•23	日
七月小	初一	甲午	8•2	三
	十一	甲辰	8•12	六
壬申	廿一	甲寅	8•22	二
八月大	初一	癸亥	8•31	四
	十一	癸酉	9•10	日
癸酉	廿一	癸未	9•20	三
九月小	初一	癸巳	9•30	六
	十一	癸卯	10•10	二
甲戌	廿一	癸丑	10•20	五
十月大	初一	壬戌	10•29	日
	十一	壬申	11•8	三
乙亥	廿一	壬午	11•18	六
十一月大	初一	壬辰	11•28	二
	十一	壬寅	12•8	五
丙子	廿一	壬子	12•18	一
十二月大	初一	壬戌	12•28	四
	十一	壬申	1•7	日
丁丑	廿一	壬午	1•17	三

庚午年（1990年）

农历与干支			公历	星期
正月小	初一	壬辰	1•27	六
	十一	壬寅	2•6	二
戊寅	廿一	壬子	2•16	五
二月大	初一	辛酉	2•25	日
	十一	辛未	3•7	三
己卯	廿一	辛巳	3•17	六
三月小	初一	辛卯	3•27	二
	十一	辛丑	4•6	五
庚辰	廿一	辛亥	4•16	一
四月小	初一	庚申	4•25	三
	十一	庚午	5•5	六
辛巳	廿一	庚辰	5•15	二
五月大	初一	己丑	5•24	四
	十一	己亥	6•3	日
壬午	廿一	己酉	6•13	三
闰五月小	初一	己未	6•23	六
	十一	己巳	7•3	二
	廿一	己卯	7•13	五
六月小	初一	戊子	7•22	日
	十一	戊戌	8•1	三
癸未	廿一	戊申	8•11	六
七月大	初一	丁巳	8•20	一
	十一	丁卯	8•30	四
甲申	廿一	丁丑	9•9	日
八月小	初一	丁亥	9•19	三
	十一	丁酉	9•29	六
乙酉	廿一	丁未	10•9	二
九月大	初一	丙辰	10•18	四
	十一	丙寅	10•28	日
丙戌	廿一	丙子	11•7	三
十月大	初一	丙戌	11•17	六
	十一	丙申	11•27	二
丁亥	廿一	丙午	12•7	五
十一月大	初一	丙辰	12•17	一
	十一	丙寅	12•27	四
戊子	廿一	丙子	1•6	日
十二月大	初一	丙戌	1•16	三
	十一	丙申	1•26	六
己丑	廿一	丙午	2•5	二

辛未年（1991年）

农历与干支			公历	星期
正月小	初一	丙辰	2·15	五
	十一	丙寅	2·25	一
庚寅	廿一	丙子	3·7	四
二月大	初一	乙酉	3·16	六
	十一	乙未	3·26	二
辛卯	廿一	乙巳	4·5	五
三月小	初一	乙卯	4·15	一
	十一	乙丑	4·25	四
壬辰	廿一	乙亥	5·5	日
四月小	初一	甲申	5·14	二
	十一	甲午	5·24	五
癸巳	廿一	甲辰	6·3	一
五月大	初一	癸丑	6·12	三
	十一	癸亥	6·22	六
甲午	廿一	癸酉	7·2	二
六月小	初一	癸未	7·12	五
	十一	癸巳	7·22	一
乙未	廿一	癸卯	8·1	四
七月小	初一	壬子	8·10	六
	十一	壬戌	8·20	二
丙申	廿一	壬申	8·30	五
八月大	初一	辛巳	9·8	日
	十一	辛卯	9·18	三
丁酉	廿一	辛丑	9·28	六
九月小	初一	辛亥	10·8	二
	十一	辛酉	10·18	五
戊戌	廿一	辛未	10·28	一
十月大	初一	庚辰	11·6	三
	十一	庚寅	11·16	六
己亥	廿一	庚子	11·26	二
十一月大	初一	庚戌	12·6	五
	十一	庚申	12·16	一
庚子	廿一	庚午	12·26	四
十二月大	初一	庚辰	1·5	日
	十一	庚寅	1·15	三
辛丑	廿一	庚子	1·25	六

壬申年（1992年）

农历与干支			公历	星期
正月小	初一	庚戌	2·4	二
	十一	庚申	2·14	五
壬寅	廿一	庚午	2·24	一
二月大	初一	己卯	3·4	三
	十一	己丑	3·14	六
癸卯	廿一	己亥	3·24	二
三月大	初一	己酉	4·3	五
	十一	己未	4·13	一
甲辰	廿一	己巳	4·23	四
四月小	初一	己卯	5·3	日
	十一	己丑	5·13	三
乙巳	廿一	己亥	5·23	六
五月小	初一	戊申	6·1	一
	十一	戊午	6·11	四
丙午	廿一	戊辰	6·21	日
六月大	初一	丁丑	6·30	二
	十一	丁亥	7·10	五
丁未	廿一	丁酉	7·20	一
七月小	初一	丁未	7·30	四
	十一	丁巳	8·9	日
戊申	廿一	丁卯	8·19	三
八月小	初一	丙子	8·28	五
	十一	丙戌	9·7	一
己酉	廿一	丙申	9·17	四
九月大	初一	乙巳	9·26	六
	十一	乙卯	10·6	二
庚戌	廿一	乙丑	10·16	五
十月小	初一	乙亥	10·26	一
	十一	乙酉	11·5	四
辛亥	廿一	乙未	11·15	日
十一月大	初一	甲辰	11·24	二
	十一	甲寅	12·4	五
壬子	廿一	甲子	12·14	一
十二月大	初一	甲戌	12·24	四
	十一	甲申	1·3	日
癸丑	廿一	甲午	1·13	三

癸酉年（1993年）

农历与干支			公历	星期
正月小	初一	甲辰	1·23	六
	十一	甲寅	2·2	二
甲寅	廿一	甲子	2·12	五
二月大	初一	癸酉	2·21	日
	十一	癸未	3·3	三
乙卯	廿一	癸巳	3·13	六
三月大	初一	癸卯	3·23	二
	十一	癸丑	4·2	五
丙辰	廿一	癸亥	4·12	一
闰三月小	初一	癸酉	4·22	四
	十一	癸未	5·2	日
	廿一	癸巳	5·12	三
四月大	初一	壬寅	5·21	五
	十一	壬子	5·31	一
丁巳	廿一	壬戌	6·10	四
五月小	初一	壬申	6·20	日
	十一	壬午	6·30	三
戊午	廿一	壬辰	7·10	六
六月大	初一	辛丑	7·19	一
	十一	辛亥	7·29	四
己未	廿一	辛酉	8·8	日
七月小	初一	辛未	8·18	三
	十一	辛巳	8·28	六
庚申	廿一	辛卯	9·7	二
八月小	初一	庚子	9·16	四
	十一	庚戌	9·26	日
辛酉	廿一	庚申	10·6	三
九月大	初一	己巳	10·15	五
	十一	己卯	10·25	一
壬戌	廿一	己丑	11·4	四
十月小	初一	己亥	11·14	日
	十一	己酉	11·24	三
癸亥	廿一	己未	12·4	六
十一月大	初一	戊辰	12·13	一
	十一	戊寅	12·23	四
甲子	廿一	戊子	1·2	日
十二月小	初一	戊戌	1·12	三
	十一	戊申	1·22	六
乙丑	廿一	戊午	2·1	二

甲戌年（1994年）

农历与干支			公历	星期
正月大	初一	丁卯	2·10	四
	十一	丁丑	2·20	日
丙寅	廿一	丁亥	3·2	三
二月大	初一	丁酉	3·12	六
	十一	丁未	3·22	二
丁卯	廿一	丁巳	4·1	五
三月大	初一	丁卯	4·11	一
	十一	丁丑	4·21	四
戊辰	廿一	丁亥	5·1	日
四月小	初一	丁酉	5·11	三
	十一	丁未	5·21	六
己巳	廿一	丁巳	5·31	二
五月大	初一	丙寅	6·9	四
	十一	丙子	6·19	日
庚午	廿一	丙戌	6·29	三
六月小	初一	丙申	7·9	六
	十一	丙午	7·19	二
辛未	廿一	丙辰	7·29	五
七月大	初一	乙丑	8·7	日
	十一	乙亥	8·17	三
壬申	廿一	乙酉	8·27	六
八月小	初一	乙未	9·6	二
	十一	乙巳	9·16	五
癸酉	廿一	乙卯	9·26	一
九月小	初一	甲子	10·5	三
	十一	甲戌	10·15	六
甲戌	廿一	甲申	10·25	二
十月大	初一	癸巳	11·3	四
	十一	癸卯	11·13	日
乙亥	廿一	癸丑	11·23	三
十一月小	初一	癸亥	12·3	六
	十一	癸酉	12·13	二
丙子	廿一	癸未	12·23	五
十二月大	初一	壬辰	1·1	日
	十一	壬寅	1·11	三
丁丑	廿一	壬子	1·21	六

乙亥年（1995年）

农历与干支			公历	星期
正月小	初一	壬戌	1·31	二
	十一	壬申	2·10	五
戊寅	廿一	壬午	2·20	一
二月大	初一	辛卯	3·1	三
	十一	辛丑	3·11	六
己卯	廿一	辛亥	3·21	二
三月大	初一	辛酉	3·31	五
	十一	辛未	4·10	一
庚辰	廿一	辛巳	4·20	四
四月小	初一	辛卯	4·30	日
	十一	辛丑	5·10	三
辛巳	廿一	辛亥	5·20	六
五月大	初一	庚申	5·29	一
	十一	庚午	6·8	四
壬午	廿一	庚辰	6·18	日
六月小	初一	庚寅	6·28	三
	十一	庚子	7·8	六
癸未	廿一	庚戌	7·18	二
七月大	初一	己未	7·27	四
	十一	己巳	8·6	日
甲申	廿一	己卯	8·16	三
八月大	初一	己丑	8·26	六
	十一	己亥	9·5	二
乙酉	廿一	己酉	9·15	五
闰八月小	初一	己未	9·25	一
	十一	己巳	10·5	四
	廿一	己卯	10·15	日
九月小	初一	戊子	10·24	二
	十一	戊戌	11·3	五
丙戌	廿一	戊申	11·13	一
十月大	初一	丁巳	11·22	三
	十一	丁卯	12·2	六
丁亥	廿一	丁丑	12·12	二
十一月小	初一	丁亥	12·22	五
	十一	丁酉	1·1	一
戊子	廿一	丁未	1·11	四
十二月大	初一	丙辰	1·20	六
	十一	丙寅	1·30	二
己丑	廿一	丙子	2·9	五

丙子年（1996年）

农历与干支			公历	星期
正月小	初一	丙戌	2·19	一
	十一	丙申	2·29	四
庚寅	廿一	丙午	3·10	日
二月大	初一	乙卯	3·19	二
	十一	乙丑	3·29	五
辛卯	廿一	乙亥	4·8	一
三月小	初一	乙酉	4·18	四
	十一	乙未	4·28	日
壬辰	廿一	乙巳	5·8	三
四月大	初一	甲寅	5·17	五
	十一	甲子	5·27	一
癸巳	廿一	甲戌	6·6	四
五月大	初一	甲申	6·16	日
	十一	甲午	6·26	三
甲午	廿一	甲辰	7·6	六
六月小	初一	甲寅	7·16	二
	十一	甲子	7·26	五
乙未	廿一	甲戌	8·5	一
七月大	初一	癸未	8·14	三
	十一	癸巳	8·24	六
丙申	廿一	癸卯	9·3	二
八月小	初一	癸丑	9·13	五
	十一	癸亥	9·23	一
丁酉	廿一	癸酉	10·3	四
九月大	初一	壬午	10·12	六
	十一	壬辰	10·22	二
戊戌	廿一	壬寅	11·1	五
十月大	初一	壬子	11·11	一
	十一	壬戌	11·21	四
己亥	廿一	壬申	12·1	日
十一月小	初一	壬午	12·11	三
	十一	壬辰	12·21	六
庚子	廿一	壬寅	12·31	二
十二月小	初一	辛亥	1·9	四
	十一	辛酉	1·19	日
辛丑	廿一	辛未	1·29	三

丁丑年（1997年）

农历与干支			公历	星期
正月大	初一	庚辰	2・7	五
	十一	庚寅	2・17	一
壬寅	廿一	庚子	2・27	四
二月小	初一	庚戌	3・9	日
	十一	庚申	3・19	三
癸卯	廿一	庚午	3・29	六
三月大	初一	己卯	4・7	一
	十一	己丑	4・17	四
甲辰	廿一	己亥	4・27	日
四月小	初一	己酉	5・7	三
	十一	己未	5・17	六
乙巳	廿一	己巳	5・27	二
五月大	初一	戊寅	6・5	四
	十一	戊子	6・15	日
丙午	廿一	戊戌	6・25	三
六月小	初一	戊申	7・5	六
	十一	戊午	7・15	二
丁未	廿一	戊辰	7・25	五
七月大	初一	丁丑	8・3	日
	十一	丁亥	8・13	三
戊申	廿一	丁酉	8・23	六
八月大	初一	丁未	9・2	二
	十一	丁巳	9・12	五
己酉	廿一	丁卯	9・22	一
九月小	初一	丁丑	10・2	四
	十一	丁亥	10・12	日
庚戌	廿一	丁酉	10・22	三
十月大	初一	丙午	10・31	五
	十一	丙辰	11・10	一
辛亥	廿一	丙寅	11・20	四
十一月大	初一	丙子	11・30	日
	十一	丙戌	12・10	三
壬子	廿一	丙申	12・20	六
十二月小	初一	丙午	12・30	二
	十一	丙辰	1・9	五
癸丑	廿一	丙寅	1・19	一

戊寅年（1998年）

农历与干支			公历	星期
正月大	初一	乙亥	1・28	三
	十一	乙酉	2・7	六
甲寅	廿一	乙未	2・17	二
二月小	初一	乙巳	2・27	五
	十一	乙卯	3・9	一
乙卯	廿一	乙丑	3・19	四
三月小	初一	甲戌	3・28	六
	十一	甲申	4・7	二
丙辰	廿一	甲午	4・17	五
四月大	初一	癸卯	4・26	日
	十一	癸丑	5・6	三
丁巳	廿一	癸亥	5・16	六
五月小	初一	癸酉	5・26	二
	十一	癸未	6・5	五
戊午	廿一	癸巳	6・15	一
闰五月小	初一	壬寅	6・24	三
	十一	壬子	7・4	六
	廿一	壬戌	7・14	二
六月大	初一	辛未	7・23	四
	十一	辛巳	8・2	日
己未	廿一	辛卯	8・12	三
七月大	初一	辛丑	8・22	六
	十一	辛亥	9・1	二
庚申	廿一	辛酉	9・11	五
八月小	初一	辛未	9・21	一
	十一	辛巳	10・1	四
辛酉	廿一	辛卯	10・11	日
九月大	初一	庚子	10・20	二
	十一	庚戌	10・30	五
壬戌	廿一	庚申	11・9	一
十月大	初一	庚午	11・19	四
	十一	庚辰	11・29	日
癸亥	廿一	庚寅	12・9	三
十一月小	初一	庚子	12・19	六
	十一	庚戌	12・29	二
甲子	廿一	庚申	1・8	五
十二月大	初一	己巳	1・17	日
	十一	己卯	1・27	三
乙丑	廿一	己丑	2・6	六

己卯年（1999年）

农历与干支			公历	星期
正月大	初一	己亥	2•16	二
	十一	己酉	2•26	五
丙寅	廿一	己未	3•8	一
二月小	初一	己巳	3•18	四
	十一	己卯	3•28	日
丁卯	廿一	己丑	4•7	三
三月小	初一	戊戌	4•16	五
	十一	戊申	4•26	一
戊辰	廿一	戊午	5•6	四
四月大	初一	丁卯	5•15	六
	十一	丁丑	5•25	二
己巳	廿一	丁亥	6•4	五
五月小	初一	丁酉	6•14	一
	十一	丁未	6•24	四
庚午	廿一	丁巳	7•4	日
六月小	初一	丙寅	7•13	二
	十一	丙子	7•23	五
辛未	廿一	丙戌	8•2	一
七月大	初一	乙未	8•11	三
	十一	乙巳	8•21	六
壬申	廿一	乙卯	8•31	二
八月小	初一	乙丑	9•10	五
	十一	乙亥	9•20	一
癸酉	廿一	乙酉	9•30	四
九月大	初一	甲午	10•9	六
	十一	甲辰	10•19	二
甲戌	廿一	甲寅	10•29	五
十月大	初一	甲子	11•8	一
	十一	甲戌	11•18	四
乙亥	廿一	甲申	11•28	日
十一月大	初一	甲午	12•8	三
	十一	甲辰	12•18	六
丙子	廿一	甲寅	12•28	二
十二月小	初一	甲子	1•7	五
	十一	甲戌	1•17	一
丁丑	廿一	甲申	1•27	四

庚辰年（2000年）

农历与干支			公历	星期
正月大	初一	癸巳	2•5	六
	十一	癸卯	2•15	二
戊寅	廿一	癸丑	2•25	五
二月大	初一	癸亥	3•6	一
	十一	癸酉	3•16	四
己卯	廿一	癸未	3•26	日
三月小	初一	癸巳	4•5	三
	十一	癸卯	4•15	六
庚辰	廿一	癸丑	4•25	二
四月小	初一	壬戌	5•4	四
	十一	壬申	5•14	日
辛巳	廿一	壬午	5•24	三
五月大	初一	辛卯	6•2	五
	十一	辛丑	6•12	一
壬午	廿一	辛亥	6•22	四
六月小	初一	辛酉	7•2	日
	十一	辛未	7•12	三
癸未	廿一	辛巳	7•22	六
七月小	初一	庚寅	7•31	一
	十一	庚子	8•10	四
甲申	廿一	庚戌	8•20	日
八月大	初一	己未	8•29	二
	十一	己巳	9•8	五
乙酉	廿一	己卯	9•18	一
九月小	初一	己丑	9•28	四
	十一	己亥	10•8	日
丙戌	廿一	己酉	10•18	三
十月大	初一	戊午	10•27	五
	十一	戊辰	11•6	一
丁亥	廿一	戊寅	11•16	四
十一月大	初一	戊子	11•26	日
	十一	戊戌	12•6	三
戊子	廿一	戊申	12•16	六
十二月小	初一	戊午	12•26	二
	十一	戊辰	1•5	五
己丑	廿一	戊寅	1•15	一

辛巳年（2001年）

农历与干支			公历	星期
正月大	初一	丁亥	1•24	三
	十一	丁酉	2•3	六
庚寅	廿一	丁未	2•13	二
二月大	初一	丁巳	2•23	五
	十一	丁卯	3•5	一
辛卯	廿一	丁丑	3•15	四
三月小	初一	丁亥	3•25	日
	十一	丁酉	4•4	三
壬辰	廿一	丁未	4•14	六
四月大	初一	丙辰	4•23	一
	十一	丙寅	5•3	四
癸巳	廿一	丙子	5•13	日
闰四月小	初一	丙戌	5•23	三
	十一	丙申	6•2	六
	廿一	丙午	6•12	二
五月大	初一	乙卯	6•21	四
	十一	乙丑	7•1	日
甲午	廿一	乙亥	7•11	三
六月小	初一	乙酉	7•21	六
	十一	乙未	7•31	二
乙未	廿一	乙巳	8•10	五
七月小	初一	甲寅	8•19	日
	十一	甲子	8•29	三
丙申	廿一	甲戌	9•8	六
八月大	初一	癸未	9•17	一
	十一	癸巳	9•27	四
丁酉	廿一	癸卯	10•7	日
九月小	初一	癸丑	10•17	三
	十一	癸亥	10•27	六
戊戌	廿一	癸酉	11•6	二
十月大	初一	壬午	11•15	四
	十一	壬辰	11•25	日
己亥	廿一	壬寅	12•5	三
十一月小	初一	壬子	12•15	六
	十一	壬戌	12•25	二
庚子	廿一	壬申	1•4	五
十二月大	初一	辛巳	1•13	日
	十一	辛卯	1•23	三
辛丑	廿一	辛丑	2•2	六

壬午年（2002年）

农历与干支			公历	星期
正月大	初一	辛亥	2•12	二
	十一	辛酉	2•22	五
壬寅	廿一	辛未	3•4	一
二月大	初一	辛巳	3•14	四
	十一	辛卯	3•24	日
癸卯	廿一	辛丑	4•3	三
三月小	初一	辛亥	4•13	六
	十一	辛酉	4•23	二
甲辰	廿一	辛未	5•3	五
四月大	初一	庚辰	5•12	日
	十一	庚寅	5•22	三
乙巳	廿一	庚子	6•1	六
五月小	初一	庚戌	6•11	二
	十一	庚申	6•21	五
丙午	廿一	庚午	7•1	一
六月大	初一	己卯	7•10	三
	十一	己丑	7•20	六
丁未	廿一	己亥	7•30	二
七月小	初一	己酉	8•9	五
	十一	己未	8•19	一
戊申	廿一	己巳	8•29	四
八月小	初一	戊寅	9•7	六
	十一	戊子	9•17	二
己酉	廿一	戊戌	9•27	五
九月大	初一	丁未	10•6	日
	十一	丁巳	10•16	三
庚戌	廿一	丁卯	10•26	六
十月小	初一	丁丑	11•5	二
	十一	丁亥	11•15	五
辛亥	廿一	丁酉	11•25	一
十一月大	初一	丙午	12•4	三
	十一	丙辰	12•14	六
壬子	廿一	丙寅	12•24	二
十二月小	初一	丙子	1•3	五
	十一	丙戌	1•13	一
癸丑	廿一	丙申	1•23	四

癸未年（2003年）

农历与干支			公历	星期
正月大 甲寅	初一 十一 廿一	乙巳 乙卯 乙丑	2·1 2·11 2·21	六 二 五
二月大 乙卯	初一 十一 廿一	乙亥 乙酉 乙未	3·3 3·13 3·23	一 四 日
三月小 丙辰	初一 十一 廿一	乙巳 乙卯 乙丑	4·2 4·12 4·22	三 六 二
四月大 丁巳	初一 十一 廿一	甲戌 甲申 甲午	5·1 5·11 5·21	四 日 三
五月大 戊午	初一 十一 廿一	甲辰 甲寅 甲子	5·31 6·10 6·20	六 二 五
六月小 己未	初一 十一 廿一	甲戌 甲申 甲午	6·30 7·10 7·20	一 四 日
七月大 庚申	初一 十一 廿一	癸卯 癸丑 癸亥	7·29 8·8 8·18	二 五 一
八月小 辛酉	初一 十一 廿一	癸酉 癸未 癸巳	8·28 9·7 9·17	四 日 三
九月小 壬戌	初一 十一 廿一	壬寅 壬子 壬戌	9·26 10·6 10·16	五 一 四
十月大 癸亥	初一 十一 廿一	辛未 辛巳 辛卯	10·25 11·4 11·14	六 二 五
十一月小 甲子	初一 十一 廿一	辛丑 辛亥 辛酉	11·24 12·4 12·14	一 四 日
十二月大 乙丑	初一 十一 廿一	庚午 庚辰 庚寅	12·23 1·2 1·12	二 五 一

甲申年（2004年）

农历与干支			公历	星期
正月小 丙寅	初一 十一 廿一	庚子 庚戌 庚申	1·22 2·1 2·11	四 日 三
二月大 丁卯	初一 十一 廿一	己巳 己卯 己丑	2·20 3·1 3·11	五 一 四
闰二月小	初一 十一 廿一	己亥 己酉 己未	3·21 3·31 4·10	日 三 六
三月大 戊辰	初一 十一 廿一	戊辰 戊寅 戊子	4·19 4·29 5·9	一 四 日
四月大 己巳	初一 十一 廿一	戊戌 戊申 戊午	5·19 5·29 6·8	三 六 二
五月小 庚午	初一 十一 廿一	戊辰 戊寅 戊子	6·18 6·28 7·8	五 一 四
六月大 辛未	初一 十一 廿一	丁酉 丁未 丁巳	7·17 7·27 8·6	六 二 五
七月小 壬申	初一 十一 廿一	丁卯 丁丑 丁亥	8·16 8·26 9·5	一 四 日
八月大 癸酉	初一 十一 廿一	丙申 丙午 丙辰	9·14 9·24 10·4	二 五 一
九月小 甲戌	初一 十一 廿一	丙寅 丙子 丙戌	10·14 10·24 11·3	四 日 三
十月大 乙亥	初一 十一 廿一	乙未 乙巳 乙卯	11·12 11·22 12·2	五 一 四
十一月小 丙子	初一 十一 廿一	乙丑 乙亥 乙酉	12·12 12·22 1·1	日 三 六
十二月大 丁丑	初一 十一 廿一	甲午 甲辰 甲寅	1·10 1·20 1·30	一 四 日

乙酉年（2005年）

农历与干支			公历	星期
正月小	初一	甲子	2·9	三
	十一	甲戌	2·19	六
戊寅	廿一	甲申	3·1	二
二月大	初一	癸巳	3·10	四
	十一	癸卯	3·20	日
己卯	廿一	癸丑	3·30	三
三月小	初一	癸亥	4·9	六
	十一	癸酉	4·19	二
庚辰	廿一	癸未	4·29	五
四月大	初一	壬辰	5·8	日
	十一	壬寅	5·18	三
辛巳	廿一	壬子	5·28	六
五月小	初一	壬戌	6·7	二
	十一	壬申	6·17	五
壬午	廿一	壬午	6·27	一
六月大	初一	辛卯	7·6	三
	十一	辛丑	7·16	六
癸未	廿一	辛亥	7·26	二
七月大	初一	辛酉	8·5	五
	十一	辛未	8·15	一
甲申	廿一	辛巳	8·25	四
八月小	初一	辛卯	9·4	日
	十一	辛丑	9·14	三
乙酉	廿一	辛亥	9·24	六
九月大	初一	庚申	10·3	一
	十一	庚午	10·13	四
丙戌	廿一	庚辰	10·23	日
十月小	初一	庚寅	11·2	三
	十一	庚子	11·12	六
丁亥	廿一	庚戌	11·22	二
十一月大	初一	己未	12·1	四
	十一	己巳	12·11	日
戊子	廿一	己卯	12·21	三
十二月小	初一	己丑	12·31	六
	十一	己亥	1·10	二
己丑	廿一	己酉	1·20	五

丙戌年（2006年）

农历与干支			公历	星期
正月大	初一	戊午	1·29	日
	十一	戊辰	2·8	三
庚寅	廿一	戊寅	2·18	六
二月小	初一	戊子	2·28	二
	十一	戊戌	3·10	五
辛卯	廿一	戊申	3·20	一
三月大	初一	丁巳	3·29	三
	十一	丁卯	4·8	六
壬辰	廿一	丁丑	4·18	二
四月小	初一	丁亥	4·28	五
	十一	丁酉	5·8	一
癸巳	廿一	丁未	5·18	四
五月大	初一	丙辰	5·27	六
	十一	丙寅	6·6	二
甲午	廿一	丙子	6·16	五
六月小	初一	丙戌	6·26	一
	十一	丙申	7·6	四
乙未	廿一	丙午	7·16	日
七月大	初一	乙卯	7·25	二
	十一	乙丑	8·4	五
丙申	廿一	乙亥	8·14	一
闰七月小	初一	乙酉	8·24	四
	十一	乙未	9·3	日
	廿一	乙巳	9·13	三
八月大	初一	甲寅	9·22	五
	十一	甲子	10·2	一
丁酉	廿一	甲戌	10·12	四
九月大	初一	甲申	10·22	日
	十一	甲午	11·1	三
戊戌	廿一	甲辰	11·11	六
十月小	初一	甲寅	11·21	二
	十一	甲子	12·1	五
己亥	廿一	甲戌	12·11	一
十一月大	初一	癸未	12·20	三
	十一	癸巳	12·30	六
庚子	廿一	癸卯	1·9	二
十二月大	初一	癸丑	1·19	五
	十一	癸亥	1·29	一
辛丑	廿一	癸酉	2·8	四

丁亥年（2007年）

农历与干支			公历	星期
正月小	初一	癸未	2·18	日
	十一	癸巳	2·28	三
壬寅	廿一	癸卯	3·10	六
二月小	初一	壬子	3·19	一
	十一	壬戌	3·29	四
癸卯	廿一	壬申	4·8	日
三月大	初一	辛巳	4·17	二
	十一	辛卯	4·27	五
甲辰	廿一	辛丑	5·7	一
四月小	初一	辛亥	5·17	四
	十一	辛酉	5·27	日
乙巳	廿一	辛未	6·6	三
五月小	初一	庚辰	6·15	五
	十一	庚寅	6·25	一
丙午	廿一	庚子	7·5	四
六月大	初一	己酉	7·14	六
	十一	己未	7·24	二
丁未	廿一	己巳	8·3	五
七月小	初一	己卯	8·13	一
	十一	己丑	8·23	四
戊申	廿一	己亥	9·2	日
八月大	初一	戊申	9·11	二
	十一	戊午	9·21	五
己酉	廿一	戊辰	10·1	一
九月大	初一	戊寅	10·11	四
	十一	戊子	10·21	日
庚戌	廿一	戊戌	10·31	三
十月大	初一	戊申	11·10	六
	十一	戊午	11·20	二
辛亥	廿一	戊辰	11·30	五
十一月小	初一	戊寅	12·10	一
	十一	戊子	12·20	四
壬子	廿一	戊戌	12·30	日
十二月大	初一	丁未	1·8	二
	十一	丁巳	1·18	五
癸丑	廿一	丁卯	1·28	一

戊子年（2008年）

农历与干支			公历	星期
正月大	初一	丁丑	2·7	四
	十一	丁亥	2·17	日
甲寅	廿一	丁酉	2·27	三
二月小	初一	丁未	3·8	六
	十一	丁巳	3·18	二
乙卯	廿一	丁卯	3·28	五
三月小	初一	丙子	4·6	日
	十一	丙戌	4·16	三
丙辰	廿一	丙申	4·26	六
四月大	初一	乙巳	5·5	一
	十一	乙卯	5·15	四
丁巳	廿一	乙丑	5·25	日
五月小	初一	乙亥	6·4	三
	十一	乙酉	6·14	六
戊午	廿一	乙未	6·24	二
六月小	初一	甲辰	7·3	四
	十一	甲寅	7·13	日
己未	廿一	甲子	7·23	三
七月大	初一	癸酉	8·1	五
	十一	癸未	8·11	一
庚申	廿一	癸巳	8·21	四
八月小	初一	癸卯	8·31	日
	十一	癸丑	9·10	三
辛酉	廿一	癸亥	9·20	六
九月大	初一	壬申	9·29	一
	十一	壬午	10·9	四
壬戌	廿一	壬辰	10·19	日
十月大	初一	壬寅	10·29	三
	十一	壬子	11·8	六
癸亥	廿一	壬戌	11·18	二
十一月小	初一	壬申	11·28	五
	十一	壬午	12·8	一
甲子	廿一	壬辰	12·18	四
十二月大	初一	辛丑	12·27	六
	十一	辛亥	1·6	二
乙丑	廿一	辛酉	1·16	五

己丑年（2009年）

农历与干支			公历	星期
正月大 丙寅	初一 十一 廿一	辛未 辛巳 辛卯	1・26 2・5 2・15	一 四 日
二月大 丁卯	初一 十一 廿一	辛丑 辛亥 辛酉	2・25 3・7 3・17	三 六 二
三月小 戊辰	初一 十一 廿一	辛未 辛巳 辛卯	3・27 4・6 4・16	五 一 四
四月小 己巳	初一 十一 廿一	庚子 庚戌 庚申	4・25 5・5 5・15	六 二 五
五月大 庚午	初一 十一 廿一	己巳 己卯 己丑	5・24 6・3 6・13	日 三 六
闰五月小	初一 十一 廿一	己亥 己酉 己未	6・23 7・3 7・13	二 五 一
六月小 辛未	初一 十一 廿一	戊辰 戊寅 戊子	7・22 8・1 8・11	三 六 二
七月大 壬申	初一 十一 廿一	丁酉 丁未 丁巳	8・20 8・30 9・9	四 日 三
八月小 癸酉	初一 十一 廿一	丁卯 丁丑 丁亥	9・19 9・29 10・9	六 二 五
九月大 甲戌	初一 十一 廿一	丙申 丙午 丙辰	10・18 10・28 11・7	日 三 六
十月小 乙亥	初一 十一 廿一	丙寅 丙子 丙戌	11・17 11・27 12・7	二 五 一
十一月大 丙子	初一 十一 廿一	乙未 乙巳 乙卯	12・16 12・26 1・5	三 六 二
十二月大 丁丑	初一 十一 廿一	乙丑 乙亥 乙酉	1・15 1・25 2・4	五 一 四

庚寅年（2010年）

农历与干支			公历	星期
正月大 戊寅	初一 十一 廿一	乙未 乙巳 乙卯	2・14 2・24 3・6	日 三 六
二月小 己卯	初一 十一 廿一	乙丑 乙亥 乙酉	3・16 3・26 4・5	二 五 一
三月大 庚辰	初一 十一 廿一	甲午 甲辰 甲寅	4・14 4・24 5・4	三 六 二
四月小 辛巳	初一 十一 廿一	甲子 甲戌 甲申	5・14 5・24 6・3	五 一 四
五月大 壬午	初一 十一 廿一	癸巳 癸卯 癸丑	6・12 6・22 7・2	六 二 五
六月小 癸未	初一 十一 廿一	癸亥 癸酉 癸未	7・12 7・22 8・1	一 四 日
七月小 甲申	初一 十一 廿一	壬辰 壬寅 壬子	8・10 8・20 8・30	二 五 一
八月大 乙酉	初一 十一 廿一	辛酉 辛未 辛巳	9・8 9・18 9・28	三 六 二
九月小 丙戌	初一 十一 廿一	辛卯 辛丑 辛亥	10・8 10・18 10・28	五 一 四
十月大 丁亥	初一 十一 廿一	庚申 庚午 庚辰	11・6 11・16 11・26	六 二 五
十一月小 戊子	初一 十一 廿一	庚寅 庚子 庚戌	12・6 12・16 12・26	一 四 日
十二月大 己丑	初一 十一 廿一	己未 己巳 己卯	1・4 1・14 1・24	二 五 一

辛卯年（2011年）

农历与干支			公历	星期
正月大	初一	己丑	2・3	四
	十一	己亥	2・13	日
庚寅	廿一	己酉	2・23	三
二月小	初一	己未	3・5	六
	十一	己巳	3・15	二
辛卯	廿一	己卯	3・25	五
三月大	初一	戊子	4・3	日
	十一	戊戌	4・13	三
壬辰	廿一	戊申	4・23	六
四月大	初一	戊午	5・3	二
	十一	戊辰	5・13	五
癸巳	廿一	戊寅	5・23	一
五月小	初一	戊子	6・2	四
	十一	戊戌	6・12	日
甲午	廿一	戊申	6・22	三
六月大	初一	丁巳	7・1	五
	十一	丁卯	7・11	一
乙未	廿一	丁丑	7・21	四
七月小	初一	丁亥	7・31	日
	十一	丁酉	8・10	三
丙申	廿一	丁未	8・20	六
八月小	初一	丙辰	8・29	一
	十一	丙寅	9・8	四
丁酉	廿一	丙子	9・18	日
九月大	初一	乙酉	9・27	二
	十一	乙未	10・7	五
戊戌	廿一	乙巳	10・17	一
十月小	初一	乙卯	10・27	四
	十一	乙丑	11・6	日
己亥	廿一	乙亥	11・16	三
十一月大	初一	甲申	11・25	五
	十一	甲午	12・5	一
庚子	廿一	甲辰	12・15	四
十二月小	初一	甲寅	12・25	日
	十一	甲子	1・4	三
辛丑	廿一	甲戌	1・14	六

壬辰年（2012年）

农历与干支			公历	星期
正月大	初一	癸未	1・23	一
	十一	癸巳	2・2	四
壬寅	廿一	癸卯	2・12	日
二月小	初一	癸丑	2・22	三
	十一	癸亥	3・3	六
癸卯	廿一	癸酉	3・13	二
三月大	初一	壬午	3・22	四
	十一	壬辰	4・1	日
甲辰	廿一	壬寅	4・11	三
四月大	初一	壬子	4・21	六
	十一	壬戌	5・1	二
乙巳	廿一	壬申	5・11	五
闰四月小	初一	壬午	5・21	一
	十一	壬辰	5・31	四
	廿一	壬寅	6・10	日
五月大	初一	辛亥	6・19	二
	十一	辛酉	6・29	五
丙午	廿一	辛未	7・9	一
六月小	初一	辛巳	7・19	四
	十一	辛卯	7・29	日
丁未	廿一	辛丑	8・8	三
七月大	初一	庚戌	8・17	五
	十一	庚申	8・27	一
戊申	廿一	庚午	9・6	四
八月小	初一	庚辰	9・16	日
	十一	庚寅	9・26	三
己酉	廿一	庚子	10・6	六
九月大	初一	己酉	10・15	一
	十一	己未	10・25	四
庚戌	廿一	己巳	11・4	日
十月小	初一	己卯	11・14	三
	十一	己丑	11・24	六
辛亥	廿一	己亥	12・4	二
十一月大	初一	戊申	12・13	四
	十一	戊午	12・23	日
壬子	廿一	戊辰	1・2	三
十二月小	初一	戊寅	1・12	六
	十一	戊子	1・22	二
癸丑	廿一	戊戌	2・1	五

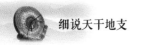

癸巳年（2013年）

农历与干支			公历	星期
正月大	初一	丁未	2·10	日
	十一	丁巳	2·20	三
甲寅	廿一	丁卯	3·2	六
二月小	初一	丁丑	3·12	二
	十一	丁亥	3·22	五
乙卯	廿一	丁酉	4·1	一
三月大	初一	丙午	4·10	三
	十一	丙辰	4·20	六
丙辰	廿一	丙寅	4·30	二
四月小	初一	丙子	5·10	五
	十一	丙戌	5·20	一
丁巳	廿一	丙申	5·30	四
五月大	初一	乙巳	6·8	六
	十一	乙卯	6·18	二
戊午	廿一	乙丑	6·28	五
六月大	初一	乙亥	7·8	一
	十一	乙酉	7·18	四
己未	廿一	乙未	7·28	日
七月小	初一	乙巳	8·7	三
	十一	乙卯	8·17	六
庚申	廿一	乙丑	8·27	二
八月大	初一	甲戌	9·5	四
	十一	甲申	9·15	日
辛酉	廿一	甲午	9·25	三
九月小	初一	甲辰	10·5	六
	十一	甲寅	10·15	二
壬戌	廿一	甲子	10·25	五
十月大	初一	癸酉	11·3	日
	十一	癸未	11·13	三
癸亥	廿一	癸巳	11·23	六
十一月小	初一	癸卯	12·3	二
	十一	癸丑	12·13	五
甲子	廿一	癸亥	12·23	一
十二月大	初一	壬申	1·1	三
	十一	壬午	1·11	六
乙丑	廿一	壬辰	1·21	二

甲午年（2014年）

农历与干支			公历	星期
正月小	初一	壬寅	1·31	五
	十一	壬子	2·10	一
丙寅	廿一	壬戌	2·20	四
二月大	初一	辛未	3·1	六
	十一	辛巳	3·11	二
丁卯	廿一	辛卯	3·21	五
三月小	初一	辛丑	3·31	一
	十一	辛亥	4·10	四
戊辰	廿一	辛酉	4·20	日
四月大	初一	庚午	4·29	二
	十一	庚辰	5·9	五
己巳	廿一	庚寅	5·19	一
五月小	初一	庚子	5·29	四
	十一	庚戌	6·8	日
庚午	廿一	庚申	6·18	三
六月大	初一	己巳	6·27	五
	十一	己卯	7·7	一
辛未	廿一	己丑	7·17	四
七月小	初一	己亥	7·27	日
	十一	己酉	8·6	三
壬申	廿一	己未	8·16	六
八月大	初一	戊辰	8·25	一
	十一	戊寅	9·4	四
癸酉	廿一	戊子	9·14	日
九月大	初一	戊戌	9·24	三
	十一	戊申	10·4	六
甲戌	廿一	戊午	10·14	二
闰九月小	初一	戊辰	10·24	五
	十一	戊寅	11·3	一
	廿一	戊子	11·13	四
十月大	初一	丁酉	11·22	六
	十一	丁未	12·2	二
乙亥	廿一	丁巳	12·12	五
十一月小	初一	丁卯	12·22	一
	十一	丁丑	1·1	四
丙子	廿一	丁亥	1·11	日
十二月大	初一	丙申	1·20	二
	十一	丙午	1·30	五
丁丑	廿一	丙辰	2·9	一

乙未年（2015年）

农历与干支			公历	星期
正月小	初一	丙寅	2•19	四
	十一	丙子	3•1	日
戊寅	廿一	丙戌	3•11	三
二月大	初一	乙未	3•20	五
	十一	乙巳	3•30	一
己卯	廿一	乙卯	4•9	四
三月小	初一	乙丑	4•19	日
	十一	乙亥	4•29	三
庚辰	廿一	乙酉	5•9	六
四月小	初一	甲午	5•18	一
	十一	甲辰	5•28	四
辛巳	廿一	甲寅	6•7	日
五月大	初一	癸亥	6•16	二
	十一	癸酉	6•26	五
壬午	廿一	癸未	7•6	一
六月小	初一	癸巳	7•16	四
	十一	癸卯	7•26	日
癸未	廿一	癸丑	8•5	三
七月大	初一	壬戌	8•14	五
	十一	壬申	8•24	一
甲申	廿一	壬午	9•3	四
八月大	初一	壬辰	9•13	日
	十一	壬寅	9•23	三
乙酉	廿一	壬子	10•3	六
九月大	初一	壬戌	10•13	二
	十一	壬申	10•23	五
丙戌	廿一	壬午	11•2	一
十月小	初一	壬辰	11•12	四
	十一	壬寅	11•22	日
丁亥	廿一	壬子	12•2	三
十一月大	初一	辛酉	12•11	五
	十一	辛未	12•21	一
戊子	廿一	辛巳	12•31	四
十二月小	初一	辛卯	1•10	日
	十一	辛丑	1•20	三
己丑	廿一	辛亥	1•30	六

丙申年（2016年）

农历与干支			公历	星期
正月大	初一	庚申	2•8	一
	十一	庚午	2•18	四
庚寅	廿一	庚辰	2•28	日
二月小	初一	庚寅	3•9	三
	十一	庚子	3•19	六
辛卯	廿一	庚戌	3•29	二
三月大	初一	己未	4•7	四
	十一	己巳	4•17	日
壬辰	廿一	己卯	4•27	三
四月小	初一	己丑	5•7	六
	十一	己亥	5•17	二
癸巳	廿一	己酉	5•27	五
五月小	初一	戊午	6•5	日
	十一	戊辰	6•15	三
甲午	廿一	戊寅	6•25	六
六月大	初一	丁亥	7•4	一
	十一	丁酉	7•14	四
乙未	廿一	丁未	7•24	日
七月小	初一	丁巳	8•3	三
	十一	丁卯	8•13	六
丙申	廿一	丁丑	8•23	二
八月大	初一	丙戌	9•1	四
	十一	丙申	9•11	日
丁酉	廿一	丙午	9•21	三
九月大	初一	丙辰	10•1	六
	十一	丙寅	10•11	二
戊戌	廿一	丙子	10•21	五
十月小	初一	丙戌	10•31	一
	十一	丙申	11•10	四
己亥	廿一	丙午	11•20	日
十一月大	初一	乙卯	11•29	二
	十一	乙丑	12•9	五
庚子	廿一	乙亥	12•19	一
十二月大	初一	乙酉	12•29	四
	十一	乙未	1•8	日
辛丑	廿一	乙巳	1•18	三

丁酉年（2017年）

农历与干支			公历	星期
正月小	初一	乙卯	1•28	六
	十一	乙丑	2•7	二
壬寅	廿一	乙亥	2•17	五
二月大	初一	甲申	2•26	日
	十一	甲午	3•8	三
癸卯	廿一	甲辰	3•18	六
三月小	初一	甲寅	3•28	二
	十一	甲子	4•7	五
甲辰	廿一	甲戌	4•17	一
四月大	初一	癸未	4•26	三
	十一	癸巳	5•6	六
乙巳	廿一	癸卯	5•16	二
五月小	初一	癸丑	5•26	五
	十一	癸亥	6•5	一
丙午	廿一	癸酉	6•15	四
六月小	初一	壬午	6•24	六
	十一	壬辰	7•4	二
丁未	廿一	壬寅	7•14	五
闰六月大	初一	辛亥	7•23	日
	十一	辛酉	8•2	三
	廿一	辛未	8•12	六
七月小	初一	辛巳	8•22	二
	十一	辛卯	9•1	五
戊申	廿一	辛丑	9•11	一
八月大	初一	庚戌	9•20	三
	十一	庚申	9•30	六
己酉	廿一	庚午	10•10	二
九月小	初一	庚辰	10•20	五
	十一	庚寅	10•30	一
庚戌	廿一	庚子	11•9	四
十月大	初一	己酉	11•18	六
	十一	己未	11•28	二
辛亥	廿一	己巳	12•8	五
十一月大	初一	己卯	12•18	一
	十一	己丑	12•28	四
壬子	廿一	己亥	1•7	日
十二月大	初一	己酉	1•17	三
	十一	己未	1•27	六
癸丑	廿一	己巳	2•6	二

戊戌年（2018年）

农历与干支			公历	星期
正月小	初一	己卯	2•16	五
	十一	己丑	2•26	一
甲寅	廿一	己亥	3•8	四
二月大	初一	戊申	3•17	六
	十一	戊午	3•27	二
乙卯	廿一	戊辰	4•6	五
三月小	初一	戊寅	4•16	一
	十一	戊子	4•26	四
丙辰	廿一	戊戌	5•6	日
四月大	初一	丁未	5•15	二
	十一	丁巳	5•25	五
丁巳	廿一	丁卯	6•4	一
五月小	初一	丁丑	6•14	四
	十一	丁亥	6•24	日
戊午	廿一	丁酉	7•4	三
六月小	初一	丙午	7•13	五
	十一	丙辰	7•23	一
己未	廿一	丙寅	8•2	四
七月大	初一	乙亥	8•11	六
	十一	乙酉	8•21	二
庚申	廿一	乙未	8•31	五
八月小	初一	乙巳	9•10	一
	十一	乙卯	9•20	四
辛酉	廿一	乙丑	9•30	日
九月大	初一	甲戌	10•9	二
	十一	甲申	10•19	五
壬戌	廿一	甲午	10•29	一
十月小	初一	甲辰	11•8	四
	十一	甲寅	11•18	日
癸亥	廿一	甲子	11•28	三
十一月大	初一	癸酉	12•7	五
	十一	癸未	12•17	一
甲子	廿一	癸巳	12•27	四
十二月大	初一	癸卯	1•6	日
	十一	癸丑	1•16	三
乙丑	廿一	癸亥	1•26	六

己亥年（2019年）

农历与干支			公历	星期
正月大	初一	癸酉	2·5	二
	十一	癸未	2·15	五
丙寅	廿一	癸巳	2·25	一
二月小	初一	癸卯	3·7	四
	十一	癸丑	3·17	日
丁卯	廿一	癸亥	3·27	三
三月大	初一	壬申	4·5	五
	十一	壬午	4·15	一
戊辰	廿一	壬辰	4·25	四
四月小	初一	壬寅	5·5	日
	十一	壬子	5·15	三
己巳	廿一	壬戌	5·25	六
五月大	初一	辛未	6·3	一
	十一	辛巳	6·13	四
庚午	廿一	辛卯	6·23	日
六月小	初一	辛丑	7·3	三
	十一	辛亥	7·13	六
辛未	廿一	辛酉	7·23	二
七月小	初一	庚午	8·1	四
	十一	庚辰	8·11	日
壬申	廿一	庚寅	8·21	三
八月大	初一	己亥	8·30	五
	十一	己酉	9·9	一
癸酉	廿一	己未	9·19	四
九月小	初一	己巳	9·29	日
	十一	己卯	10·9	三
甲戌	廿一	己丑	10·19	六
十月小	初一	戊戌	10·28	一
	十一	戊申	11·7	四
乙亥	廿一	戊午	11·17	日
十一月大	初一	丁卯	11·26	二
	十一	丁丑	12·6	五
丙子	廿一	丁亥	12·16	一
十二月大	初一	丁酉	12·26	四
	十一	丁未	1·5	日
丁丑	廿一	丁巳	1·15	三

庚子年（2020年）

农历与干支			公历	星期
正月小	初一	丁卯	1·25	六
	十一	丁丑	2·4	二
戊寅	廿一	丁亥	2·14	五
二月大	初一	丙申	2·23	日
	十一	丙午	3·4	三
己卯	廿一	丙辰	3·14	六
三月大	初一	丙寅	3·24	二
	十一	丙子	4·3	五
庚辰	廿一	丙戌	4·13	一
四月大	初一	丙申	4·23	四
	十一	丙午	5·3	日
辛巳	廿一	丙辰	5·13	三
闰四月小	初一	丙寅	5·23	六
	十一	丙子	6·2	二
	廿一	丙戌	6·12	五
五月大	初一	乙未	6·21	日
	十一	乙巳	7·1	三
壬午	廿一	乙卯	7·11	六
六月小	初一	乙丑	7·21	二
	十一	乙亥	7·31	五
癸未	廿一	乙酉	8·10	一
七月小	初一	甲午	8·19	三
	十一	甲辰	8·29	六
甲申	廿一	甲寅	9·8	二
八月大	初一	癸亥	9·17	四
	十一	癸酉	9·27	日
乙酉	廿一	癸未	10·7	三
九月小	初一	癸巳	10·17	六
	十一	癸卯	10·27	二
丙戌	廿一	癸丑	11·6	五
十月大	初一	壬戌	11·15	日
	十一	壬申	11·25	三
丁亥	廿一	壬午	12·5	六
十一月小	初一	壬辰	12·15	二
	十一	壬寅	12·25	五
戊子	廿一	壬子	1·4	一
十二月大	初一	辛酉	1·13	三
	十一	辛未	1·23	六
己丑	廿一	辛巳	2·2	二

辛丑年（2021年）

农历与干支			公历	星期
正月小	初一	辛卯	2·12	五
	十一	辛丑	2·22	一
庚寅	廿一	辛亥	3·4	四
二月大	初一	庚申	3·13	六
	十一	庚午	3·23	二
辛卯	廿一	庚辰	4·2	五
三月大	初一	庚寅	4·12	一
	十一	庚子	4·22	四
壬辰	廿一	庚戌	5·2	日
四月小	初一	庚申	5·12	三
	十一	庚午	5·22	六
癸巳	廿一	庚辰	6·1	二
五月大	初一	己丑	6·10	四
	十一	己亥	6·20	日
甲午	廿一	己酉	6·30	三
六月小	初一	己未	7·10	六
	十一	己巳	7·20	二
乙未	廿一	己卯	7·30	五
七月大	初一	戊子	8·8	日
	十一	戊戌	8·18	三
丙申	廿一	戊申	8·28	六
八月小	初一	戊午	9·7	二
	十一	戊辰	9·17	五
丁酉	廿一	戊寅	9·27	一
九月大	初一	丁亥	10·6	三
	十一	丁酉	10·16	六
戊戌	廿一	丁未	10·26	二
十月小	初一	丁巳	11·5	五
	十一	丁卯	11·15	一
己亥	廿一	丁丑	11·25	四
十一月大	初一	丙戌	12·4	六
	十一	丙申	12·14	二
庚子	廿一	丙午	12·24	五
十二月小	初一	丙辰	1·3	一
	十一	丙寅	1·13	四
辛丑	廿一	丙子	1·23	日

壬寅年（2022年）

农历与干支			公历	星期
正月大	初一	乙酉	2·1	二
	十一	乙未	2·11	五
壬寅	廿一	乙巳	2·21	一
二月小	初一	乙卯	3·3	四
	十一	乙丑	3·13	日
癸卯	廿一	乙亥	3·23	三
三月大	初一	甲申	4·1	五
	十一	甲午	4·11	一
甲辰	廿一	甲辰	4·21	四
四月小	初一	甲寅	5·1	日
	十一	甲子	5·11	三
乙巳	廿一	甲戌	5·21	六
五月大	初一	癸未	5·30	一
	十一	癸巳	6·9	四
丙午	廿一	癸卯	6·19	日
六月大	初一	癸丑	6·29	三
	十一	癸亥	7·9	六
丁未	廿一	癸酉	7·19	二
七月小	初一	癸未	7·29	五
	十一	癸巳	8·8	一
戊申	廿一	癸卯	8·18	四
八月大	初一	壬子	8·27	六
	十一	壬戌	9·6	二
己酉	廿一	壬申	9·16	五
九月小	初一	壬午	9·26	一
	十一	壬辰	10·6	四
庚戌	廿一	壬寅	10·16	日
十月大	初一	辛亥	10·25	二
	十一	辛酉	11·4	五
辛亥	廿一	辛未	11·14	一
十一月小	初一	辛巳	11·24	四
	十一	辛卯	12·4	日
壬子	廿一	辛丑	12·14	三
十二月大	初一	庚戌	12·23	五
	十一	庚申	1·2	一
癸丑	廿一	庚午	1·12	四

癸卯年（2023年）

农历与干支			公历	星期
正月小	初一	庚辰	1·22	日
	十一	庚寅	2·1	三
甲寅	廿一	庚子	2·11	六
二月大	初一	己酉	2·20	一
	十一	己未	3·2	四
乙卯	廿一	己巳	3·12	日
闰二月小	初一	己卯	3·22	三
	十一	己丑	4·1	六
	廿一	己亥	4·11	二
三月小	初一	戊申	4·20	四
	十一	戊午	4·30	日
丙辰	廿一	戊辰	5·10	三
四月大	初一	丁丑	5·19	五
	十一	丁亥	5·29	一
丁巳	廿一	丁酉	6·8	四
五月大	初一	丁未	6·18	日
	十一	丁巳	6·28	三
戊午	廿一	丁卯	7·8	六
六月小	初一	丁丑	7·18	二
	十一	丁亥	7·28	五
己未	廿一	丁酉	8·7	一
七月大	初一	丙午	8·16	三
	十一	丙辰	8·26	六
庚申	廿一	丙寅	9·5	二
八月大	初一	丙子	9·15	五
	十一	丙戌	9·25	一
辛酉	廿一	丙申	10·5	四
九月小	初一	丙午	10·15	日
	十一	丙辰	10·25	三
壬戌	廿一	丙寅	11·4	六
十月大	初一	乙亥	11·13	一
	十一	乙酉	11·23	四
癸亥	廿一	乙未	12·3	日
十一月小	初一	乙巳	12·13	三
	十一	乙卯	12·23	六
甲子	廿一	乙丑	1·2	二
十二月大	初一	甲戌	1·11	四
	十一	甲申	1·21	日
乙丑	廿一	甲午	1·31	三

甲辰年（2024年）

农历与干支			公历	星期
正月小	初一	甲辰	2·10	六
	十一	甲寅	2·20	二
丙寅	廿一	甲子	3·1	五
二月大	初一	癸酉	3·10	日
	十一	癸未	3·20	三
丁卯	廿一	癸巳	3·30	六
三月小	初一	癸卯	4·9	二
	十一	癸丑	4·19	五
戊辰	廿一	癸亥	4·29	一
四月小	初一	壬申	5·8	三
	十一	壬午	5·18	六
己巳	廿一	壬辰	5·28	二
五月大	初一	辛丑	6·6	四
	十一	辛亥	6·16	日
庚午	廿一	辛酉	6·26	三
六月小	初一	辛未	7·6	六
	十一	辛巳	7·16	二
辛未	廿一	辛卯	7·26	五
七月大	初一	庚子	8·4	日
	十一	庚戌	8·14	三
壬申	廿一	庚申	8·24	六
八月大	初一	庚午	9·3	二
	十一	庚辰	9·13	五
癸酉	廿一	庚寅	9·23	一
九月小	初一	庚子	10·3	四
	十一	庚戌	10·13	日
甲戌	廿一	庚申	10·23	三
十月大	初一	己巳	11·1	五
	十一	己卯	11·11	一
乙亥	廿一	己丑	11·21	四
十一月大	初一	己亥	12·1	日
	十一	己酉	12·11	三
丙子	廿一	己未	12·21	六
十二月小	初一	己巳	12·31	二
	十一	己卯	1·10	五
丁丑	廿一	己丑	1·20	一

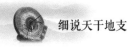

乙巳年（2025年）

农历与干支			公历	星期
正月大	初一	戊戌	1·29	三
	十一	戊申	2·8	六
戊寅	廿一	戊午	2·18	二
二月小	初一	戊辰	2·28	五
	十一	戊寅	3·10	一
己卯	廿一	戊子	3·20	四
三月大	初一	丁酉	3·29	六
	十一	丁未	4·8	二
庚辰	廿一	丁巳	4·18	五
四月小	初一	丁卯	4·28	一
	十一	丁丑	5·8	四
辛巳	廿一	丁亥	5·18	日
五月小	初一	丙申	5·27	二
	十一	丙午	6·6	五
壬午	廿一	丙辰	6·16	一
六月大	初一	乙丑	6·25	三
	十一	乙亥	7·5	六
癸未	廿一	乙酉	7·15	二
闰六月小	初一	乙未	7·25	五
	十一	乙巳	8·4	一
	廿一	乙卯	8·14	四
七月大	初一	甲子	8·23	六
	十一	甲戌	9·2	二
甲申	廿一	甲申	9·12	五
八月小	初一	甲午	9·22	一
	十一	甲辰	10·2	四
乙酉	廿一	甲寅	10·12	日
九月大	初一	癸亥	10·21	二
	十一	癸酉	10·31	五
丙戌	廿一	癸未	11·10	一
十月大	初一	癸巳	11·20	四
	十一	癸卯	11·30	日
丁亥	廿一	癸丑	12·10	三
十一月大	初一	癸亥	12·20	六
	十一	癸酉	12·30	二
戊子	廿一	癸未	1·9	五
十二月小	初一	癸巳	1·19	一
	十一	癸卯	1·29	四
己丑	廿一	癸丑	2·8	日

丙午年（2026年）

农历与干支			公历	星期
正月大	初一	壬戌	2·17	二
	十一	壬申	2·27	五
庚寅	廿一	壬午	3·9	一
二月小	初一	壬辰	3·19	四
	十一	壬寅	3·29	日
辛卯	廿一	壬子	4·8	三
三月大	初一	辛酉	4·17	五
	十一	辛未	4·27	一
壬辰	廿一	辛巳	5·7	四
四月小	初一	辛卯	5·17	日
	十一	辛丑	5·27	三
癸巳	廿一	辛亥	6·6	六
五月小	初一	庚申	6·15	一
	十一	庚午	6·25	四
甲午	廿一	庚辰	7·5	日
六月大	初一	己丑	7·14	二
	十一	己亥	7·24	五
乙未	廿一	己酉	8·3	一
七月小	初一	己未	8·13	四
	十一	己巳	8·23	日
丙申	廿一	己卯	9·2	三
八月小	初一	戊子	9·11	五
	十一	戊戌	9·21	一
丁酉	廿一	戊申	10·1	四
九月大	初一	丁巳	10·10	六
	十一	丁卯	10·20	二
戊戌	廿一	丁丑	10·30	五
十月大	初一	丁亥	11·9	一
	十一	丁酉	11·19	四
己亥	廿一	丁未	11·29	日
十一月大	初一	丁巳	12·9	三
	十一	丁卯	12·19	六
庚子	廿一	丁丑	12·29	二
十二月小	初一	丁亥	1·8	五
	十一	丁酉	1·18	一
辛丑	廿一	丁未	1·28	四

丁未年（2027年）

农历与干支			公历	星期
正月大	初一	丙辰	2•6	六
	十一	丙寅	2•16	二
壬寅	廿一	丙子	2•26	五
二月大	初一	丙戌	3•8	一
	十一	丙申	3•18	四
癸卯	廿一	丙午	3•28	日
三月小	初一	丙辰	4•7	三
	十一	丙寅	4•17	六
甲辰	廿一	丙子	4•27	二
四月大	初一	乙酉	5•6	四
	十一	乙未	5•16	日
乙巳	廿一	乙巳	5•26	三
五月小	初一	乙卯	6•5	六
	十一	乙丑	6•15	二
丙午	廿一	乙亥	6•25	五
六月小	初一	甲申	7•4	日
	十一	甲午	7•14	三
丁未	廿一	甲辰	7•24	六
七月大	初一	癸丑	8•2	一
	十一	癸亥	8•12	四
戊申	廿一	癸酉	8•22	日
八月小	初一	癸未	9•1	三
	十一	癸巳	9•11	六
己酉	廿一	癸卯	9•21	二
九月小	初一	壬子	9•30	四
	十一	壬戌	10•10	日
庚戌	廿一	壬申	10•20	三
十月大	初一	辛巳	10•29	五
	十一	辛卯	11•8	一
辛亥	廿一	辛丑	11•18	四
十一月大	初一	辛亥	11•28	日
	十一	辛酉	12•8	三
壬子	廿一	辛未	12•18	六
十二月小	初一	辛巳	12•28	二
	十一	辛卯	1•7	五
癸丑	廿一	辛丑	1•17	一

戊申年（2028年）

农历与干支			公历	星期
正月大	初一	庚戌	1•26	三
	十一	庚申	2•5	六
甲寅	廿一	庚午	2•15	二
二月大	初一	庚辰	2•25	五
	十一	庚寅	3•6	一
乙卯	廿一	庚子	3•16	四
三月大	初一	庚戌	3•26	日
	十一	庚申	4•5	三
丙辰	廿一	庚午	4•15	六
四月小	初一	庚辰	4•25	二
	十一	庚寅	5•5	五
丁巳	廿一	庚子	5•15	一
五月大	初一	己酉	5•24	三
	十一	己未	6•3	六
戊午	廿一	己巳	6•13	二
闰五月小	初一	己卯	6•23	五
	十一	己丑	7•3	一
	廿一	己亥	7•13	四
六月小	初一	戊申	7•22	六
	十一	戊午	8•1	二
己未	廿一	戊辰	8•11	五
七月大	初一	丁丑	8•20	日
	十一	丁亥	8•30	三
庚申	廿一	丁酉	9•9	六
八月小	初一	丁未	9•19	二
	十一	丁巳	9•29	五
辛酉	廿一	丁卯	10•9	一
九月小	初一	丙子	10•18	三
	十一	丙戌	10•28	六
壬戌	廿一	丙申	11•7	二
十月大	初一	乙巳	11•16	四
	十一	乙卯	11•26	日
癸亥	廿一	乙丑	12•6	三
十一月大	初一	乙亥	12•16	六
	十一	乙酉	12•26	二
甲子	廿一	乙未	1•5	五
十二月小	初一	乙巳	1•15	一
	十一	乙卯	1•25	四
乙丑	廿一	乙丑	2•4	日

己酉年 (2029年)

农历与干支			公历	星期
正月大	初一	甲戌	2•13	二
	十一	甲申	2•23	五
丙寅	廿一	甲午	3•5	一
二月大	初一	甲辰	3•15	四
	十一	甲寅	3•25	日
丁卯	廿一	甲子	4•4	三
三月小	初一	甲戌	4•14	六
	十一	甲申	4•24	二
戊辰	廿一	甲午	5•4	五
四月大	初一	癸卯	5•13	日
	十一	癸丑	5•23	三
己巳	廿一	癸亥	6•2	六
五月小	初一	癸酉	6•12	二
	十一	癸未	6•22	五
庚午	廿一	癸巳	7•2	一
六月大	初一	壬寅	7•11	三
	十一	壬子	7•21	六
辛未	廿一	壬戌	7•31	二
七月小	初一	壬申	8•10	五
	十一	壬午	8•20	一
壬申	廿一	壬辰	8•30	四
八月大	初一	辛丑	9•8	六
	十一	辛亥	9•18	二
癸酉	廿一	辛酉	9•28	五
九月小	初一	辛未	10•8	一
	十一	辛巳	10•18	四
甲戌	廿一	辛卯	10•28	日
十月小	初一	庚子	11•6	二
	十一	庚戌	11•16	五
乙亥	廿一	庚申	11•26	一
十一月大	初一	己巳	12•5	三
	十一	己卯	12•15	六
丙子	廿一	己丑	12•25	二
十二月大	初一	己亥	1•4	五
	十一	己酉	1•14	一
丁丑	廿一	己未	1•24	四

庚戌年 (2030年)

农历与干支			公历	星期
正月小	初一	己巳	2•3	日
	十一	己卯	2•13	三
戊寅	廿一	己丑	2•23	六
二月大	初一	戊戌	3•4	一
	十一	戊申	3•14	四
己卯	廿一	戊午	3•24	日
三月小	初一	戊辰	4•3	三
	十一	戊寅	4•13	六
庚辰	廿一	戊子	4•23	二
四月大	初一	丁酉	5•2	四
	十一	丁未	5•12	日
辛巳	廿一	丁巳	5•22	三
五月大	初一	丁卯	6•1	六
	十一	丁丑	6•11	二
壬午	廿一	丁亥	6•21	五
六月小	初一	丁酉	7•1	一
	十一	丁未	7•11	四
癸未	廿一	丁巳	7•21	日
七月大	初一	丙寅	7•30	二
	十一	丙子	8•9	五
甲申	廿一	丙戌	8•19	一
八月小	初一	丙申	8•29	四
	十一	丙午	9•8	日
乙酉	廿一	丙辰	9•18	三
九月大	初一	乙丑	9•27	五
	十一	乙亥	10•7	一
丙戌	廿一	乙酉	10•17	四
十月小	初一	乙未	10•27	日
	十一	乙巳	11•6	三
丁亥	廿一	乙卯	11•16	六
十一月大	初一	甲子	11•25	一
	十一	甲戌	12•5	四
戊子	廿一	甲申	12•15	日
十二月小	初一	甲午	12•25	三
	十一	甲辰	1•4	六
己丑	廿一	甲寅	1•14	二

辛亥年（2031年）

农历与干支			公历	星期
正月小 庚寅	初一	癸亥	1·23	四
	十一	癸酉	2·2	日
	廿一	癸未	2·12	三
二月大 辛卯	初一	壬辰	2·21	五
	十一	壬寅	3·3	一
	廿一	壬子	3·13	四
三月大 壬辰	初一	壬戌	3·23	日
	十一	壬申	4·2	三
	廿一	壬午	4·12	六
闰三月小	初一	壬辰	4·22	二
	十一	壬寅	5·2	五
	廿一	壬子	5·12	一
四月大 癸巳	初一	辛酉	5·21	三
	十一	辛未	5·31	六
	廿一	辛巳	6·10	二
五月小 甲午	初一	辛卯	6·20	五
	十一	辛丑	6·30	一
	廿一	辛亥	7·10	四
六月大 乙未	初一	庚申	7·19	六
	十一	庚午	7·29	二
	廿一	庚辰	8·8	五
七月大 丙申	初一	庚寅	8·18	一
	十一	庚子	8·28	四
	廿一	庚戌	9·7	日
八月小 丁酉	初一	庚申	9·17	三
	十一	庚午	9·27	六
	廿一	庚辰	10·7	二
九月大 戊戌	初一	己丑	10·16	四
	十一	己亥	10·26	日
	廿一	己酉	11·5	三
十月小 己亥	初一	己未	11·15	六
	十一	己巳	11·25	二
	廿一	己卯	12·5	五
十一月大 庚子	初一	戊子	12·14	日
	十一	戊戌	12·24	三
	廿一	戊申	1·3	六
十二月小 辛丑	初一	戊午	1·13	二
	十一	戊辰	1·23	五
	廿一	戊寅	2·2	一

壬子年（2032年）

农历与干支			公历	星期
正月大 壬寅	初一	丁亥	2·11	三
	十一	丁酉	2·21	六
	廿一	丁未	3·2	二
二月小 癸卯	初一	丁巳	3·12	五
	十一	丁卯	3·22	一
	廿一	丁丑	4·1	四
三月小 甲辰	初一	丙戌	4·10	六
	十一	丙申	4·20	二
	廿一	丙午	4·30	五
四月大 乙巳	初一	乙卯	5·9	日
	十一	乙丑	5·19	三
	廿一	乙亥	5·29	六
五月小 丙午	初一	乙酉	6·8	二
	十一	乙未	6·18	五
	廿一	乙巳	6·28	一
六月大 丁未	初一	甲寅	7·7	三
	十一	甲子	7·17	六
	廿一	甲戌	7·27	二
七月大 戊申	初一	甲申	8·6	五
	十一	甲午	8·16	一
	廿一	甲辰	8·26	四
八月小 己酉	初一	甲寅	9·5	日
	十一	甲子	9·15	三
	廿一	甲戌	9·25	六
九月大 庚戌	初一	癸未	10·4	一
	十一	癸巳	10·14	四
	廿一	癸卯	10·24	日
十月大 辛亥	初一	癸丑	11·3	三
	十一	癸亥	11·13	六
	廿一	癸酉	11·23	二
十一月小 壬子	初一	癸未	12·3	五
	十一	癸巳	12·13	一
	廿一	癸卯	12·23	四
十二月大 癸丑	初一	壬子	1·1	六
	十一	壬戌	1·11	二
	廿一	壬申	1·21	五

癸丑年（2033年）

农历与干支			公历	星期
正月小	初一	壬午	1·31	一
	十一	壬辰	2·10	四
甲寅	廿一	壬寅	2·20	日
二月大	初一	辛亥	3·1	二
	十一	辛酉	3·11	五
乙卯	廿一	辛未	3·21	一
三月小	初一	辛巳	3·31	四
	十一	辛卯	4·10	日
丙辰	廿一	辛丑	4·20	三
四月小	初一	庚戌	4·29	五
	十一	庚申	5·9	一
丁巳	廿一	庚午	5·19	四
五月大	初一	己卯	5·28	六
	十一	己丑	6·7	二
戊午	廿一	己亥	6·17	五
六月小	初一	己酉	6·27	一
	十一	己未	7·7	四
己未	廿一	己巳	7·17	日
七月大	初一	戊寅	7·26	二
	十一	戊子	8·5	五
庚申	廿一	戊戌	8·15	一
八月小	初一	戊申	8·25	四
	十一	戊午	9·4	日
辛酉	廿一	戊辰	9·14	三
九月大	初一	丁丑	9·23	五
	十一	丁亥	10·3	一
壬戌	廿一	丁酉	10·13	四
十月大	初一	丁未	10·23	日
	十一	丁巳	11·2	三
癸亥	廿一	丁卯	11·12	六
十一月大	初一	丁丑	11·22	二
	十一	丁亥	12·2	五
甲子	廿一	丁酉	12·12	一
闰十一月小	初一	丁未	12·22	四
	十一	丁巳	1·1	日
	廿一	丁卯	1·11	三
十二月大	初一	丙子	1·20	五
	十一	丙戌	1·30	一
乙丑	廿一	丙申	2·9	四

甲寅年（2034年）

农历与干支			公历	星期
正月小	初一	丙午	2·19	日
	十一	丙辰	3·1	三
丙寅	廿一	丙寅	3·11	六
二月大	初一	乙亥	3·20	一
	十一	乙酉	3·30	四
丁卯	廿一	乙未	4·9	日
三月小	初一	乙巳	4·19	三
	十一	乙卯	4·29	六
戊辰	廿一	乙丑	5·9	二
四月小	初一	甲戌	5·18	四
	十一	甲申	5·28	日
己巳	廿一	甲午	6·7	三
五月大	初一	癸卯	6·16	五
	十一	癸丑	6·26	一
庚午	廿一	癸亥	7·6	四
六月小	初一	癸酉	7·16	日
	十一	癸未	7·26	三
辛未	廿一	癸巳	8·5	六
七月大	初一	壬寅	8·14	一
	十一	壬子	8·24	四
壬申	廿一	壬戌	9·3	日
八月小	初一	壬申	9·13	三
	十一	壬午	9·23	六
癸酉	廿一	壬辰	10·3	二
九月大	初一	辛丑	10·12	四
	十一	辛亥	10·22	日
甲戌	廿一	辛酉	11·1	三
十月大	初一	辛未	11·11	六
	十一	辛巳	11·21	二
乙亥	廿一	辛卯	12·1	五
十一月小	初一	辛丑	12·11	一
	十一	辛亥	12·21	四
丙子	廿一	辛酉	12·31	日
十二月大	初一	庚午	1·9	二
	十一	庚辰	1·19	五
丁丑	廿一	庚寅	1·29	一

乙卯年（2035年）

农历与干支			公历	星期
正月大	初一	庚子	2・8	四
	十一	庚戌	2・18	日
戊寅	廿一	庚申	2・28	三
二月小	初一	庚午	3・10	六
	十一	庚辰	3・20	二
己卯	廿一	庚寅	3・30	五
三月大	初一	己亥	4・8	日
	十一	己酉	4・18	三
庚辰	廿一	己未	4・28	六
四月小	初一	己巳	5・8	二
	十一	己卯	5・18	五
辛巳	廿一	己丑	5・28	一
五月小	初一	戊戌	6・6	三
	十一	戊申	6・16	六
壬午	廿一	戊午	6・26	二
六月大	初一	丁卯	7・5	四
	十一	丁丑	7・15	日
癸未	廿一	丁亥	7・25	三
七月小	初一	丁酉	8・4	六
	十一	丁未	8・14	二
甲申	廿一	丁巳	8・24	五
八月小	初一	丙寅	9・2	日
	十一	丙子	9・12	三
乙酉	廿一	丙戌	9・22	六
九月大	初一	乙未	10・1	一
	十一	乙巳	10・11	四
丙戌	廿一	乙卯	10・21	日
十月大	初一	乙丑	10・31	三
	十一	乙亥	11・10	六
丁亥	廿一	乙酉	11・20	二
十一月小	初一	乙未	11・30	五
	十一	乙巳	12・10	一
戊子	廿一	乙卯	12・20	四
十二月大	初一	甲子	12・29	六
	十一	甲戌	1・8	二
己丑	廿一	甲申	1・18	五

丙辰年（2036年）

农历与干支			公历	星期
正月大	初一	甲午	1・28	一
	十一	甲辰	2・7	四
庚寅	廿一	甲寅	2・17	日
二月大	初一	甲子	2・27	三
	十一	甲戌	3・8	六
辛卯	廿一	甲申	3・18	二
三月小	初一	甲午	3・28	五
	十一	甲辰	4・7	一
壬辰	廿一	甲寅	4・17	四
四月大	初一	癸亥	4・26	六
	十一	癸酉	5・6	二
癸巳	廿一	癸未	5・16	五
五月小	初一	癸巳	5・26	一
	十一	癸卯	6・5	四
甲午	廿一	癸丑	6・15	日
六月小	初一	壬戌	6・24	二
	十一	壬申	7・4	五
乙未	廿一	壬午	7・14	一
闰六月大	初一	辛卯	7・23	三
	十一	辛丑	8・2	六
	廿一	辛亥	8・12	二
七月小	初一	辛酉	8・22	五
	十一	辛未	9・1	一
丙申	廿一	辛巳	9・11	四
八月小	初一	庚寅	9・20	六
	十一	庚子	9・30	二
丁酉	廿一	庚戌	10・10	五
九月大	初一	己未	10・19	日
	十一	己巳	10・29	三
戊戌	廿一	己卯	11・8	六
十月小	初一	己丑	11・18	二
	十一	己亥	11・28	五
己亥	廿一	己酉	12・8	一
十一月大	初一	戊午	12・17	三
	十一	戊辰	12・27	六
庚子	廿一	戊寅	1・6	二
十二月大	初一	戊子	1・16	五
	十一	戊戌	1・26	一
辛丑	廿一	戊申	2・5	四

丁巳年（2037年）

农历与干支			公历	星期
正月大	初一	戊午	2・15	日
	十一	戊辰	2・25	三
壬寅	廿一	戊寅	3・7	六
二月大	初一	戊子	3・17	二
	十一	戊戌	3・27	五
癸卯	廿一	戊申	4・6	一
三月小	初一	戊午	4・16	四
	十一	戊辰	4・26	日
甲辰	廿一	戊寅	5・6	三
四月大	初一	丁亥	5・15	五
	十一	丁酉	5・25	一
乙巳	廿一	丁未	6・4	四
五月小	初一	丁巳	6・14	日
	十一	丁卯	6・24	三
丙午	廿一	丁丑	7・4	六
六月小	初一	丙戌	7・13	一
	十一	丙申	7・23	四
丁未	廿一	丙午	8・2	日
七月大	初一	乙卯	8・11	二
	十一	乙丑	8・21	五
戊申	廿一	乙亥	8・31	一
八月小	初一	乙酉	9・10	四
	十一	乙未	9・20	日
己酉	廿一	乙巳	9・30	三
九月小	初一	甲寅	10・9	五
	十一	甲子	10・19	一
庚戌	廿一	甲戌	10・29	四
十月大	初一	癸未	11・7	六
	十一	癸巳	11・17	二
辛亥	廿一	癸卯	11・27	五
十一月小	初一	癸丑	12・7	一
	十一	癸亥	12・17	四
壬子	廿一	癸酉	12・27	日
十二月大	初一	壬午	1・5	二
	十一	壬辰	1・15	五
癸丑	廿一	壬寅	1・25	一

戊午年（2038年）

农历与干支			公历	星期
正月大	初一	壬子	2・4	四
	十一	壬戌	2・14	日
甲寅	廿一	壬申	2・24	三
二月大	初一	壬午	3・6	六
	十一	壬辰	3・16	二
乙卯	廿一	壬寅	3・26	五
三月小	初一	壬子	4・5	一
	十一	壬戌	4・15	四
丙辰	廿一	壬申	4・25	日
四月大	初一	辛巳	5・4	二
	十一	辛卯	5・14	五
丁巳	廿一	辛丑	5・24	一
五月小	初一	辛亥	6・3	四
	十一	辛酉	6・13	日
戊午	廿一	辛未	6・23	三
六月大	初一	庚辰	7・2	五
	十一	庚寅	7・12	一
己未	廿一	庚子	7・22	四
七月小	初一	庚戌	8・1	日
	十一	庚申	8・11	三
庚申	廿一	庚午	8・21	六
八月大	初一	己卯	8・30	一
	十一	己丑	9・9	四
辛酉	廿一	己亥	9・19	日
九月小	初一	己酉	9・29	三
	十一	己未	10・9	六
壬戌	廿一	己巳	10・19	二
十月小	初一	戊寅	10・28	四
	十一	戊子	11・7	日
癸亥	廿一	戊戌	11・17	三
十一月大	初一	丁未	11・26	五
	十一	丁巳	12・6	一
甲子	廿一	丁卯	12・16	四
十二月小	初一	丁丑	12・26	日
	十一	丁亥	1・5	三
乙丑	廿一	丁酉	1・15	六

己未年（2039年）

农历与干支		公历	星期
正月大 丙寅	初一 丙午	1·24	一
	十一 丙辰	2·3	四
	廿一 丙寅	2·13	日
二月大 丁卯	初一 丙子	2·23	三
	十一 丙戌	3·5	六
	廿一 丙申	3·15	二
三月小 戊辰	初一 丙午	3·25	五
	十一 丙辰	4·4	一
	廿一 丙寅	4·14	四
四月大 己巳	初一 乙亥	4·23	六
	十一 乙酉	5·3	二
	廿一 乙未	5·13	五
五月大 庚午	初一 乙巳	5·23	一
	十一 乙卯	6·2	四
	廿一 乙丑	6·12	日
闰五月小	初一 乙亥	6·22	三
	十一 乙酉	7·2	六
	廿一 乙未	7·12	二
六月大 辛未	初一 甲辰	7·21	四
	十一 甲寅	7·31	日
	廿一 甲子	8·10	三
七月小 壬申	初一 甲戌	8·20	六
	十一 甲申	8·30	二
	廿一 甲午	9·9	五
八月大 癸酉	初一 癸卯	9·18	日
	十一 癸丑	9·28	三
	廿一 癸亥	10·8	六
九月小 甲戌	初一 癸酉	10·18	二
	十一 癸未	10·28	五
	廿一 癸巳	11·7	一
十月大 乙亥	初一 壬寅	11·16	三
	十一 壬子	11·26	六
	廿一 壬戌	12·6	二
十一月小 丙子	初一 壬申	12·16	五
	十一 壬午	12·26	一
	廿一 壬辰	1·5	四
十二月小 丁丑	初一 辛丑	1·14	六
	十一 辛亥	1·24	二
	廿一 辛酉	2·3	五

庚申年（2040年）

农历与干支		公历	星期
正月大 戊寅	初一 庚午	2·12	日
	十一 庚辰	2·22	三
	廿一 庚寅	3·3	六
二月小 己卯	初一 庚子	3·13	二
	十一 庚戌	3·23	五
	廿一 庚申	4·2	一
三月大 庚辰	初一 己巳	4·11	三
	十一 己卯	4·21	六
	廿一 己丑	5·1	二
四月大 辛巳	初一 己亥	5·11	五
	十一 己酉	5·21	一
	廿一 己未	5·31	四
五月小 壬午	初一 己巳	6·10	日
	十一 己卯	6·20	三
	廿一 己丑	6·30	六
六月大 癸未	初一 戊戌	7·9	一
	十一 戊申	7·19	四
	廿一 戊午	7·29	日
七月小 甲申	初一 戊辰	8·8	三
	十一 戊寅	8·18	六
	廿一 戊子	8·28	二
八月大 乙酉	初一 丁酉	9·6	四
	十一 丁未	9·16	日
	廿一 丁巳	9·26	三
九月大 丙戌	初一 丁卯	10·6	六
	十一 丁丑	10·16	二
	廿一 丁亥	10·26	五
十月小 丁亥	初一 丁酉	11·5	一
	十一 丁未	11·15	四
	廿一 丁巳	11·25	日
十一月大 戊子	初一 丙寅	12·4	二
	十一 丙子	12·14	五
	廿一 丙戌	12·24	一
十二月小 己丑	初一 丙申	1·3	四
	十一 丙午	1·13	日
	廿一 丙辰	1·23	三

辛酉年（2041年）

农历与干支			公历	星期
正月小	初一	乙丑	2・1	五
	十一	乙亥	2・11	一
庚寅	廿一	乙酉	2・21	四
二月大	初一	甲午	3・2	六
	十一	甲辰	3・12	二
辛卯	廿一	甲寅	3・22	五
三月小	初一	甲子	4・1	一
	十一	甲戌	4・11	四
壬辰	廿一	甲申	4・21	日
四月大	初一	癸巳	4・30	二
	十一	癸卯	5・10	五
癸巳	廿一	癸丑	5・20	一
五月小	初一	癸亥	5・30	四
	十一	癸酉	6・9	日
甲午	廿一	癸未	6・19	三
六月大	初一	壬辰	6・28	五
	十一	壬寅	7・8	一
乙未	廿一	壬子	7・18	四
七月大	初一	壬戌	7・28	日
	十一	壬申	8・7	三
丙申	廿一	壬午	8・17	六
八月小	初一	壬辰	8・27	二
	十一	壬寅	9・6	五
丁酉	廿一	壬子	9・16	一
九月大	初一	辛酉	9・25	三
	十一	辛未	10・5	六
戊戌	廿一	辛巳	10・15	二
十月大	初一	辛卯	10・25	五
	十一	辛丑	11・4	一
己亥	廿一	辛亥	11・14	四
十一月小	初一	辛酉	11・24	日
	十一	辛未	12・4	三
庚子	廿一	辛巳	12・14	六
十二月大	初一	庚寅	12・23	一
	十一	庚子	1・2	四
辛丑	廿一	庚戌	1・12	日

壬戌年（2042年）

农历与干支			公历	星期
正月小	初一	庚申	1・22	三
	十一	庚午	2・1	六
壬寅	廿一	庚辰	2・11	二
二月大	初一	己丑	2・20	四
	十一	己亥	3・2	日
癸卯	廿一	己酉	3・12	三
闰二月小	初一	己未	3・22	六
	十一	己巳	4・1	二
	廿一	己卯	4・11	五
三月小	初一	戊子	4・20	日
	十一	戊戌	4・30	三
甲辰	廿一	戊申	5・10	六
四月大	初一	丁巳	5・19	一
	十一	丁卯	5・29	四
乙巳	廿一	丁丑	6・8	日
五月小	初一	丁亥	6・18	三
	十一	丁酉	6・28	六
丙午	廿一	丁未	7・8	二
六月大	初一	丙辰	7・17	四
	十一	丙寅	7・27	日
丁未	廿一	丙子	8・6	三
七月小	初一	丙戌	8・16	六
	十一	丙申	8・26	二
戊申	廿一	丙午	9・5	五
八月大	初一	乙卯	9・14	日
	十一	乙丑	9・24	三
己酉	廿一	乙亥	10・4	六
九月大	初一	乙酉	10・14	二
	十一	乙未	10・24	五
庚戌	廿一	乙巳	11・3	一
十月小	初一	乙卯	11・13	四
	十一	乙丑	11・23	日
辛亥	廿一	乙亥	12・3	三
十一月大	初一	甲申	12・12	五
	十一	甲午	12・22	一
壬子	廿一	甲辰	1・1	四
十二月大	初一	甲寅	1・11	日
	十一	甲子	1・21	三
癸丑	廿一	甲戌	1・31	六

癸亥年（2043年）

农历与干支			公历	星期
正月小	初一	甲申	2•10	二
	十一	甲午	2•20	五
甲寅	廿一	甲辰	3•2	一
二月大	初一	癸丑	3•11	三
	十一	癸亥	3•21	六
乙卯	廿一	癸酉	3•31	二
三月小	初一	癸未	4•10	五
	十一	癸巳	4•20	一
丙辰	廿一	癸卯	4•30	四
四月小	初一	壬子	5•9	六
	十一	壬戌	5•19	二
丁巳	廿一	壬申	5•29	五
五月大	初一	辛巳	6•7	日
	十一	辛卯	6•17	三
戊午	廿一	辛丑	6•27	六
六月小	初一	辛亥	7•7	二
	十一	辛酉	7•17	五
己未	廿一	辛未	7•27	一
七月小	初一	庚辰	8•5	三
	十一	庚寅	8•15	六
庚申	廿一	庚子	8•25	二
八月大	初一	己酉	9•3	四
	十一	己未	9•13	日
辛酉	廿一	己巳	9•23	三
九月大	初一	己卯	10•3	六
	十一	己丑	10•13	二
壬戌	廿一	己亥	10•23	五
十月小	初一	己酉	11•2	一
	十一	己未	11•12	四
癸亥	廿一	己巳	11•22	日
十一月大	初一	戊寅	12•1	二
	十一	戊子	12•11	五
甲子	廿一	戊戌	12•21	一
十二月大	初一	戊申	12•31	四
	十一	戊午	1•10	日
乙丑	廿一	戊辰	1•20	三

甲子年（2044年）

农历与干支			公历	星期
正月大	初一	戊寅	1•30	六
	十一	戊子	2•9	二
丙寅	廿一	戊戌	2•19	五
二月小	初一	戊申	2•29	一
	十一	戊午	3•10	四
丁卯	廿一	戊辰	3•20	日
三月大	初一	丁丑	3•29	二
	十一	丁亥	4•8	五
戊辰	廿一	丁酉	4•18	一
四月小	初一	丁未	4•28	四
	十一	丁巳	5•8	日
己巳	廿一	丁卯	5•18	三
五月小	初一	丙子	5•27	五
	十一	丙戌	6•6	一
庚午	廿一	丙申	6•16	四
六月大	初一	乙巳	6•25	六
	十一	乙卯	7•5	二
辛未	廿一	乙丑	7•15	五
七月小	初一	乙亥	7•25	一
	十一	乙酉	8•4	四
壬申	廿一	乙未	8•14	日
闰七月小	初一	甲辰	8•23	二
	十一	甲寅	9•2	五
	廿一	甲子	9•12	一
八月大	初一	癸酉	9•21	三
	十一	癸未	10•1	六
癸酉	廿一	癸巳	10•11	二
九月小	初一	癸卯	10•21	五
	十一	癸丑	10•31	一
甲戌	廿一	癸亥	11•10	四
十月大	初一	壬申	11•19	六
	十一	壬午	11•29	二
乙亥	廿一	壬辰	12•9	五
十一月大	初一	壬寅	12•19	一
	十一	壬子	12•29	四
丙子	廿一	壬戌	1•8	日
十二月大	初一	壬申	1•18	三
	十一	壬午	1•28	六
丁丑	廿一	壬辰	2•7	二

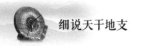

乙丑年（2045年）

农历与干支			公历	星期
正月大	初一	壬寅	2·17	五
	十一	壬子	2·27	一
戊寅	廿一	壬戌	3·9	四
二月小	初一	壬申	3·19	日
	十一	壬午	3·29	三
己卯	廿一	壬辰	4·8	六
三月大	初一	辛丑	4·17	一
	十一	辛亥	4·27	四
庚辰	廿一	辛酉	5·7	日
四月小	初一	辛未	5·17	三
	十一	辛巳	5·27	六
辛巳	廿一	辛卯	6·6	二
五月小	初一	庚子	6·15	四
	十一	庚戌	6·25	日
壬午	廿一	庚申	7·5	三
六月大	初一	己巳	7·14	五
	十一	己卯	7·24	一
癸未	廿一	己丑	8·3	四
七月小	初一	己亥	8·13	日
	十一	己酉	8·23	三
甲申	廿一	己未	9·2	六
八月小	初一	戊辰	9·11	一
	十一	戊寅	9·21	四
乙酉	廿一	戊子	10·1	日
九月大	初一	丁酉	10·10	二
	十一	丁未	10·20	五
丙戌	廿一	丁巳	10·30	一
十月小	初一	丁卯	11·9	四
	十一	丁丑	11·19	日
丁亥	廿一	丁亥	11·29	三
十一月大	初一	丙申	12·8	五
	十一	丙午	12·18	一
戊子	廿一	丙辰	12·28	四
十二月大	初一	丙寅	1·7	日
	十一	丙子	1·17	三
己丑	廿一	丙戌	1·27	六

丙寅年（2046年）

农历与干支			公历	星期
正月大	初一	丙申	2·6	二
	十一	丙午	2·16	五
庚寅	廿一	丙辰	2·26	一
二月小	初一	丙寅	3·8	四
	十一	丙子	3·18	日
辛卯	廿一	丙戌	3·28	三
三月大	初一	乙未	4·6	五
	十一	乙巳	4·16	一
壬辰	廿一	乙卯	4·26	四
四月小	初一	乙丑	5·6	日
	十一	乙亥	5·16	三
癸巳	廿一	乙酉	5·26	六
五月大	初一	甲午	6·4	一
	十一	甲辰	6·14	四
甲午	廿一	甲寅	6·24	日
六月小	初一	甲子	7·4	三
	十一	甲戌	7·14	六
乙未	廿一	甲申	7·24	二
七月大	初一	癸巳	8·2	四
	十一	癸卯	8·12	日
丙申	廿一	癸丑	8·22	三
八月小	初一	癸亥	9·1	六
	十一	癸酉	9·11	二
丁酉	廿一	癸未	9·21	五
九月小	初一	壬辰	9·30	日
	十一	壬寅	10·10	三
戊戌	廿一	壬子	10·20	六
十月大	初一	辛酉	10·29	一
	十一	辛未	11·8	四
己亥	廿一	辛巳	11·18	日
十一月小	初一	辛卯	11·28	三
	十一	辛丑	12·8	六
庚子	廿一	辛亥	12·18	二
十二月大	初一	庚申	12·27	四
	十一	庚午	1·6	日
辛丑	廿一	庚辰	1·16	三

丁卯年（2047年）

农历与干支			公历	星期
正月大	初一	庚寅	1•26	六
	十一	庚子	2•5	二
壬寅	廿一	庚戌	2•15	五
二月小	初一	庚申	2•25	一
	十一	庚午	3•7	四
癸卯	廿一	庚辰	3•17	日
三月大	初一	己丑	3•26	二
	十一	己亥	4•5	五
甲辰	廿一	己酉	4•15	一
四月小	初一	己未	4•25	四
	十一	己巳	5•5	日
乙巳	廿一	己卯	5•15	三
五月小	初一	己丑	5•25	六
	十一	己亥	6•4	二
丙午	廿一	己酉	6•14	五
闰五月大	初一	戊午	6•23	日
	十一	戊辰	7•3	三
	廿一	戊寅	7•13	六
六月小	初一	戊子	7•23	二
	十一	戊戌	8•2	五
丁未	廿一	戊申	8•12	一
七月大	初一	丁巳	8•21	三
	十一	丁卯	8•31	六
戊申	廿一	丁丑	9•10	二
八月小	初一	丁亥	9•20	五
	十一	丁酉	9•30	一
己酉	廿一	丁未	10•10	四
九月小	初一	丙辰	10•19	六
	十一	丙寅	10•29	二
庚戌	廿一	丙子	11•8	五
十月大	初一	乙酉	11•17	日
	十一	乙未	11•27	三
辛亥	廿一	乙巳	12•7	六
十一月小	初一	乙卯	12•17	二
	十一	乙丑	12•27	五
壬子	廿一	乙亥	1•6	一
十二月大	初一	甲申	1•15	三
	十一	甲午	1•25	六
癸丑	廿一	甲辰	2•4	二

戊辰年（2048年）

农历与干支			公历	星期
正月小	初一	甲寅	2•14	五
	十一	甲子	2•24	一
甲寅	廿一	甲戌	3•5	四
二月大	初一	癸未	3•14	六
	十一	癸巳	3•24	二
乙卯	廿一	癸卯	4•3	五
三月大	初一	癸丑	4•13	一
	十一	癸亥	4•23	四
丙辰	廿一	癸酉	5•3	日
四月小	初一	癸未	5•13	三
	十一	癸巳	5•23	六
丁巳	廿一	癸卯	6•2	二
五月大	初一	壬子	6•11	四
	十一	壬戌	6•21	日
戊午	廿一	壬申	7•1	三
六月大	初一	壬午	7•11	六
	十一	壬辰	7•21	二
己未	廿一	壬寅	7•31	五
七月小	初一	壬子	8•10	一
	十一	壬戌	8•20	四
庚申	廿一	壬申	8•30	日
八月大	初一	辛巳	9•8	二
	十一	辛卯	9•18	五
辛酉	廿一	辛丑	9•28	一
九月小	初一	辛亥	10•8	四
	十一	辛酉	10•18	日
壬戌	廿一	辛未	10•28	三
十月小	初一	庚辰	11•6	五
	十一	庚寅	11•16	一
癸亥	廿一	庚子	11•26	四
十一月大	初一	己酉	12•5	六
	十一	己未	12•15	二
甲子	廿一	己巳	12•25	五
十二月小	初一	己卯	1•4	一
	十一	己丑	1•14	四
乙丑	廿一	己亥	1•24	日

己巳年（2049年）

农历与干支			公历	星期
正月大	初一	戊申	2•2	二
	十一	戊午	2•12	五
丙寅	廿一	戊辰	2•22	一
二月小	初一	戊寅	3•4	四
	十一	戊子	3•14	日
丁卯	廿一	戊戌	3•24	三
三月大	初一	丁未	4•2	五
	十一	丁巳	4•12	一
戊辰	廿一	丁卯	4•22	一
四月小	初一	丁丑	5•2	日
	十一	丁亥	5•12	三
己巳	廿一	丁酉	5•22	六
五月大	初一	丙午	5•31	一
	十一	丙辰	6•10	四
庚午	廿一	丙寅	6•20	日
六月大	初一	丙子	6•30	三
	十一	丙戌	7•10	六
辛未	廿一	丙申	7•20	二
七月小	初一	丙午	7•30	五
	十一	丙辰	8•9	一
壬申	廿一	丙寅	8•19	四
八月大	初一	乙亥	8•28	六
	十一	乙酉	9•7	二
癸酉	廿一	乙未	9•17	五
九月大	初一	乙巳	9•27	一
	十一	乙卯	10•7	四
甲戌	廿一	乙丑	10•17	日
十月小	初一	乙亥	10•27	三
	十一	乙酉	11•6	六
乙亥	廿一	乙未	11•16	二
十一月大	初一	甲辰	11•25	四
	十一	甲寅	12•5	日
丙子	廿一	甲子	12•15	三
十二月小	初一	甲戌	12•25	六
	十一	甲申	1•4	二
丁丑	廿一	甲午	1•14	五

庚午年（2050年）

农历与干支			公历	星期
正月小	初一	癸卯	1•23	日
	十一	癸丑	2•2	三
戊寅	廿一	癸亥	2•12	六
二月大	初一	壬申	2•21	一
	十一	壬午	3•3	四
己卯	廿一	壬辰	3•13	日
三月小	初一	壬寅	3•23	三
	十一	壬子	4•2	六
庚辰	廿一	壬戌	4•12	二
闰三月大	初一	辛未	4•21	四
	十一	辛巳	5•1	日
	廿一	辛卯	5•11	三
四月小	初一	辛丑	5•21	六
	十一	辛亥	5•31	二
辛巳	廿一	辛酉	6•10	五
五月大	初一	庚午	6•19	日
	十一	庚辰	6•29	三
壬午	廿一	庚寅	7•9	六
六月小	初一	庚子	7•19	二
	十一	庚戌	7•29	五
癸未	廿一	庚申	8•8	一
七月大	初一	己巳	8•17	三
	十一	己卯	8•27	六
甲申	廿一	己丑	9•6	二
八月大	初一	己亥	9•16	五
	十一	己酉	9•26	一
乙酉	廿一	己未	10•6	四
九月小	初一	己巳	10•16	日
	十一	己卯	10•26	三
丙戌	廿一	己丑	11•5	六
十月大	初一	戊戌	11•14	一
	十一	戊申	11•24	四
丁亥	廿一	戊午	12•4	日
十一月大	初一	戊辰	12•14	三
	十一	戊寅	12•24	六
戊子	廿一	戊子	1•3	二
十二月小	初一	戊戌	1•13	五
	十一	戊申	1•23	一
己丑	廿一	戊午	2•2	四

辛未年（2051年）

农历与干支			公历	星期
正月大	初一	丁卯	2·11	六
	十一	丁丑	2·21	二
庚寅	廿一	丁亥	3·3	五
二月小	初一	丁酉	3·13	一
	十一	丁未	3·23	四
辛卯	廿一	丁巳	4·2	日
三月小	初一	丙寅	4·11	二
	十一	丙子	4·21	五
壬辰	廿一	丙戌	5·1	一
四月大	初一	乙未	5·10	三
	十一	乙巳	5·20	六
癸巳	廿一	乙卯	5·30	二
五月小	初一	乙丑	6·9	五
	十一	乙亥	6·19	一
甲午	廿一	乙酉	6·29	四
六月小	初一	甲午	7·8	六
	十一	甲辰	7·18	二
乙未	廿一	甲寅	7·28	五
七月大	初一	癸亥	8·6	日
	十一	癸酉	8·16	三
丙申	廿一	癸未	8·26	六
八月大	初一	癸巳	9·5	二
	十一	癸卯	9·15	五
丁酉	廿一	癸丑	9·25	一
九月小	初一	癸亥	10·5	四
	十一	癸酉	10·15	日
戊戌	廿一	癸未	10·25	三
十月大	初一	壬辰	11·3	五
	十一	壬寅	11·13	一
己亥	廿一	壬子	11·23	四
十一月大	初一	壬戌	12·3	日
	十一	壬申	12·13	三
庚子	廿一	壬午	12·23	六
十二月大	初一	壬辰	1·2	二
	十一	壬寅	1·12	五
辛丑	廿一	壬子	1·22	一

壬申年（2052年）

农历与干支			公历	星期
正月小	初一	壬戌	2·1	四
	十一	壬申	2·11	日
壬寅	廿一	壬午	2·21	三
二月大	初一	辛卯	3·1	五
	十一	辛丑	3·11	一
癸卯	廿一	辛亥	3·21	四
三月小	初一	辛酉	3·31	日
	十一	辛未	4·10	三
甲辰	廿一	辛巳	4·20	六
四月小	初一	庚寅	4·29	一
	十一	庚子	5·9	四
乙巳	廿一	庚戌	5·19	日
五月大	初一	己未	5·28	二
	十一	己巳	6·7	五
丙午	廿一	己卯	6·17	一
六月小	初一	己丑	6·27	四
	十一	己亥	7·7	日
丁未	廿一	己酉	7·17	三
七月小	初一	戊午	7·26	五
	十一	戊辰	8·5	一
戊申	廿一	戊寅	8·15	四
八月大	初一	丁亥	8·24	六
	十一	丁酉	9·3	二
己酉	廿一	丁未	9·13	五
闰八月小	初一	丁巳	9·23	一
	十一	丁卯	10·3	四
	廿一	丁丑	10·13	日
九月大	初一	丙戌	10·22	二
	十一	丙申	11·1	五
庚戌	廿一	丙午	11·11	一
十月大	初一	丙辰	11·21	四
	十一	丙寅	12·1	日
辛亥	廿一	丙子	12·11	三
十一月大	初一	丙戌	12·21	六
	十一	丙申	12·31	二
壬子	廿一	丙午	1·10	五
十二月大	初一	丙辰	1·20	一
	十一	丙寅	1·30	四
癸丑	廿一	丙子	2·9	日

癸酉年（2053年）

农历与干支			公历	星期
正月小	初一	丙戌	2·19	三
	十一	丙申	3·1	六
甲寅	廿一	丙午	3·11	二
二月大	初一	乙卯	3·20	四
	十一	乙丑	3·30	日
乙卯	廿一	乙亥	4·9	三
三月小	初一	乙酉	4·19	六
	十一	乙未	4·29	二
丙辰	廿一	乙巳	5·9	五
四月小	初一	甲寅	5·18	日
	十一	甲子	5·28	三
丁巳	廿一	甲戌	6·7	六
五月大	初一	癸未	6·16	一
	十一	癸巳	6·26	四
戊午	廿一	癸卯	7·6	日
六月小	初一	癸丑	7·16	三
	十一	癸亥	7·26	六
己未	廿一	癸酉	8·5	二
七月小	初一	壬午	8·14	四
	十一	壬辰	8·24	日
庚申	廿一	壬寅	9·3	三
八月大	初一	辛亥	9·12	五
	十一	辛酉	9·22	一
辛酉	廿一	辛未	10·2	四
九月小	初一	辛巳	10·12	日
	十一	辛卯	10·22	三
壬戌	廿一	辛丑	11·1	六
十月大	初一	庚戌	11·10	一
	十一	庚申	11·20	四
癸亥	廿一	庚午	11·30	日
十一月大	初一	庚辰	12·10	三
	十一	庚寅	12·20	六
甲子	廿一	庚子	12·30	二
十二月大	初一	庚戌	1·9	五
	十一	庚申	1·19	一
乙丑	廿一	庚午	1·29	四

甲戌年（2054年）

农历与干支			公历	星期
正月小	初一	庚辰	2·8	日
	十一	庚寅	2·18	三
丙寅	廿一	庚子	2·28	六
二月大	初一	己酉	3·9	一
	十一	己未	3·19	四
丁卯	廿一	己巳	3·29	日
三月大	初一	己卯	4·8	三
	十一	己丑	4·18	六
戊辰	廿一	己亥	4·28	二
四月小	初一	己酉	5·8	五
	十一	己未	5·18	一
己巳	廿一	己巳	5·28	四
五月小	初一	戊寅	6·6	六
	十一	戊子	6·16	二
庚午	廿一	戊戌	6·26	五
六月大	初一	丁未	7·5	日
	十一	丁巳	7·15	三
辛未	廿一	丁卯	7·25	六
七月小	初一	丁丑	8·4	二
	十一	丁亥	8·14	五
壬申	廿一	丁酉	8·24	一
八月小	初一	丙午	9·2	三
	十一	丙辰	9·12	六
癸酉	廿一	丙寅	9·22	二
九月大	初一	乙亥	10·1	四
	十一	乙酉	10·11	日
甲戌	廿一	乙未	10·21	三
十月小	初一	乙巳	10·31	六
	十一	乙卯	11·10	二
乙亥	廿一	乙丑	11·20	五
十一月大	初一	甲戌	11·29	日
	十一	甲申	12·9	三
丙子	廿一	甲午	12·19	六
十二月大	初一	甲辰	12·29	二
	十一	甲寅	1·8	五
丁丑	廿一	甲子	1·18	一

乙亥年（2055年）

农历与干支			公历	星期
正月小 戊寅	初一	甲戌	1·28	四
	十一	甲申	2·7	日
	廿一	甲午	2·17	三
二月大 己卯	初一	癸卯	2·26	五
	十一	癸丑	3·8	一
	廿一	癸亥	3·18	四
三月大 庚辰	初一	癸酉	3·28	日
	十一	癸未	4·7	三
	廿一	癸巳	4·17	六
四月小 辛巳	初一	癸卯	4·27	二
	十一	癸丑	5·7	五
	廿一	癸亥	5·17	一
五月大 壬午	初一	壬申	5·26	三
	十一	壬午	6·5	六
	廿一	壬辰	6·15	二
六月小 癸未	初一	壬寅	6·25	五
	十一	壬子	7·5	一
	廿一	壬戌	7·15	四
闰六月大	初一	辛未	7·24	六
	十一	辛巳	8·3	二
	廿一	辛卯	8·13	五
七月小 甲申	初一	辛丑	8·23	一
	十一	辛亥	9·2	四
	廿一	辛酉	9·12	日
八月小 乙酉	初一	庚午	9·21	二
	十一	庚辰	10·1	五
	廿一	庚寅	10·11	一
九月大 丙戌	初一	己亥	10·20	三
	十一	己酉	10·30	六
	廿一	己未	11·9	二
十月小 丁亥	初一	己巳	11·19	五
	十一	己卯	11·29	一
	廿一	己丑	12·9	四
十一月大 戊子	初一	戊戌	12·18	六
	十一	戊申	12·28	二
	廿一	戊午	1·7	五
十二月小 己丑	初一	戊辰	1·17	一
	十一	戊寅	1·27	四
	廿一	戊子	2·6	日

丙子年（2056年）

农历与干支			公历	星期
正月大 庚寅	初一	丁酉	2·15	二
	十一	丁未	2·25	五
	廿一	丁巳	3·6	一
二月大 辛卯	初一	丁卯	3·16	四
	十一	丁丑	3·26	日
	廿一	丁亥	4·5	三
三月大 壬辰	初一	丁酉	4·15	六
	十一	丁未	4·25	二
	廿一	丁巳	5·5	五
四月小 癸巳	初一	丁卯	5·15	一
	十一	丁丑	5·25	四
	廿一	丁亥	6·4	日
五月大 甲午	初一	丙申	6·13	二
	十一	丙午	6·23	五
	廿一	丙辰	7·3	一
六月小 乙未	初一	丙寅	7·13	四
	十一	丙子	7·23	日
	廿一	丙戌	8·2	三
七月大 丙申	初一	乙未	8·11	五
	十一	乙巳	8·21	一
	廿一	乙卯	8·31	四
八月小 丁酉	初一	乙丑	9·10	日
	十一	乙亥	9·20	三
	廿一	乙酉	9·30	六
九月小 戊戌	初一	甲午	10·9	一
	十一	甲辰	10·19	四
	廿一	甲寅	10·29	日
十月大 己亥	初一	癸亥	11·7	二
	十一	癸酉	11·17	五
	廿一	癸未	11·27	一
十一月小 庚子	初一	癸巳	12·7	四
	十一	癸卯	12·17	日
	廿一	癸丑	12·27	三
十二月大 辛丑	初一	壬戌	1·5	五
	十一	壬申	1·15	一
	廿一	壬午	1·25	四

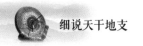

丁丑年（2057年）

农历与干支			公历	星期
正月小	初一	壬辰	2•4	日
	十一	壬寅	2•14	三
壬寅	廿一	壬子	2•24	六
二月大	初一	辛酉	3•5	一
	十一	辛未	3•15	四
癸卯	廿一	辛巳	3•25	日
三月大	初一	辛卯	4•4	三
	十一	辛丑	4•14	六
甲辰	廿一	辛亥	4•24	二
四月小	初一	辛酉	5•4	五
	十一	辛未	5•14	一
乙巳	廿一	辛巳	5•24	四
五月大	初一	庚寅	6•2	六
	十一	庚子	6•12	二
丙午	廿一	庚戌	6•22	五
六月小	初一	庚申	7•2	一
	十一	庚午	7•12	四
丁未	廿一	庚辰	7•22	日
七月大	初一	己丑	7•31	二
	十一	己亥	8•10	五
戊申	廿一	己酉	8•20	一
八月大	初一	己未	8•30	四
	十一	己巳	9•9	日
己酉	廿一	己卯	9•19	三
九月小	初一	己丑	9•29	六
	十一	己亥	10•9	二
庚戌	廿一	己酉	10•19	五
十月小	初一	戊午	10•28	日
	十一	戊辰	11•7	三
辛亥	廿一	戊寅	11•17	六
十一月大	初一	丁亥	11•26	一
	十一	丁酉	12•6	四
壬子	廿一	丁未	12•16	日
十二月小	初一	丁巳	12•26	三
	十一	丁卯	1•5	六
癸丑	廿一	丁丑	1•15	二

戊寅年（2058年）

农历与干支			公历	星期
正月大	初一	丙戌	1•24	四
	十一	丙申	2•3	日
甲寅	廿一	丙午	2•13	三
二月小	初一	丙辰	2•23	六
	十一	丙寅	3•5	二
乙卯	廿一	丙子	3•15	五
三月大	初一	乙酉	3•24	日
	十一	乙未	4•3	三
丙辰	廿一	乙巳	4•13	六
四月小	初一	乙卯	4•23	二
	十一	乙丑	5•3	五
丁巳	廿一	乙亥	5•13	一
闰四月大	初一	甲申	5•22	三
	十一	甲午	6•1	六
	廿一	甲辰	6•11	二
五月小	初一	甲寅	6•21	五
	十一	甲子	7•1	一
戊午	廿一	甲戌	7•11	四
六月大	初一	癸未	7•20	六
	十一	癸巳	7•30	二
己未	廿一	癸卯	8•9	五
七月大	初一	癸丑	8•19	一
	十一	癸亥	8•29	四
庚申	廿一	癸酉	9•8	日
八月小	初一	癸未	9•18	三
	十一	癸巳	9•28	六
辛酉	廿一	癸卯	10•8	二
九月大	初一	壬子	10•17	四
	十一	壬戌	10•27	日
壬戌	廿一	壬申	11•6	三
十月大	初一	壬午	11•16	六
	十一	壬辰	11•26	二
癸亥	廿一	壬寅	12•6	五
十一月小	初一	壬子	12•16	一
	十一	壬戌	12•26	四
甲子	廿一	壬申	1•5	日
十二月小	初一	辛巳	1•14	二
	十一	辛卯	1•24	五
乙丑	廿一	辛丑	2•3	一

己卯年（2059年）

农历与干支			公历	星期
正月大	初一	庚戌	2·12	三
	十一	庚申	2·22	六
丙寅	廿一	庚午	3·4	二
二月小	初一	庚辰	3·14	五
	十一	庚寅	3·24	一
丁卯	廿一	庚子	4·3	四
三月大	初一	己酉	4·12	六
	十一	己未	4·22	二
戊辰	廿一	己巳	5·2	五
四月小	初一	己卯	5·12	一
	十一	己丑	5·22	四
己巳	廿一	己亥	6·1	日
五月大	初一	戊申	6·10	二
	十一	戊午	6·20	五
庚午	廿一	戊辰	6·30	一
六月小	初一	戊寅	7·10	四
	十一	戊子	7·20	日
辛未	廿一	戊戌	7·30	三
七月大	初一	丁未	8·8	五
	十一	丁巳	8·18	一
壬申	廿一	丁卯	8·28	四
八月小	初一	丁丑	9·7	日
	十一	丁亥	9·17	三
癸酉	廿一	丁酉	9·27	六
九月大	初一	丙午	10·6	一
	十一	丙辰	10·16	四
甲戌	廿一	丙寅	10·26	日
十月大	初一	丙子	11·5	三
	十一	丙戌	11·15	六
乙亥	廿一	丙申	11·25	二
十一月大	初一	丙午	12·5	五
	十一	丙辰	12·15	一
丙子	廿一	丙寅	12·25	四
十二月小	初一	丙子	1·4	日
	十一	丙戌	1·14	三
丁丑	廿一	丙申	1·24	六

庚辰年（2060年）

农历与干支			公历	星期
正月大	初一	乙巳	2·2	一
	十一	乙卯	2·12	四
戊寅	廿一	乙丑	2·22	日
二月小	初一	乙亥	3·3	三
	十一	乙酉	3·13	六
己卯	廿一	乙未	3·23	二
三月小	初一	甲辰	4·1	四
	十一	甲寅	4·11	日
庚辰	廿一	甲子	4·21	三
四月大	初一	癸酉	4·30	五
	十一	癸未	5·10	一
辛巳	廿一	癸巳	5·20	四
五月小	初一	癸卯	5·30	日
	十一	癸丑	6·9	三
壬午	廿一	癸亥	6·19	六
六月小	初一	壬申	6·28	一
	十一	壬午	7·8	四
癸未	廿一	壬辰	7·18	日
七月大	初一	辛丑	7·27	二
	十一	辛亥	8·6	五
甲申	廿一	辛酉	8·16	一
八月小	初一	辛未	8·26	四
	十一	辛巳	9·5	日
乙酉	廿一	辛卯	9·15	三
九月大	初一	庚子	9·24	五
	十一	庚戌	10·4	一
丙戌	廿一	庚申	10·14	四
十月大	初一	庚午	10·24	日
	十一	庚辰	11·3	三
丁亥	廿一	庚寅	11·13	六
十一月大	初一	庚子	11·23	二
	十一	庚戌	12·3	五
戊子	廿一	庚申	12·13	一
十二月小	初一	庚午	12·23	四
	十一	庚辰	1·2	日
己丑	廿一	庚寅	1·12	三

辛巳年（2061年）

农历与干支			公历	星期
正月大	初一	己亥	1·21	五
	十一	己酉	1·31	一
庚寅	廿一	己未	2·10	四
二月大	初一	己巳	2·20	日
	十一	己卯	3·2	三
辛卯	廿一	己丑	3·12	六
三月小	初一	己亥	3·22	二
	十一	己酉	4·1	五
壬辰	廿一	己未	4·11	一
闰三月小	初一	戊辰	4·20	三
	十一	戊寅	4·30	六
	廿一	戊子	5·10	二
四月大	初一	丁酉	5·19	四
	十一	丁未	5·29	日
癸巳	廿一	丁巳	6·8	三
五月小	初一	丁卯	6·18	六
	十一	丁丑	6·28	二
甲午	廿一	丁亥	7·8	五
六月小	初一	丙申	7·17	日
	十一	丙午	7·27	三
乙未	廿一	丙辰	8·6	六
七月大	初一	乙丑	8·15	一
	十一	乙亥	8·25	四
丙申	廿一	乙酉	9·4	日
八月小	初一	乙未	9·14	三
	十一	乙巳	9·24	六
丁酉	廿一	乙卯	10·4	二
九月大	初一	甲子	10·13	四
	十一	甲戌	10·23	日
戊戌	廿一	甲申	11·2	三
十月大	初一	甲午	11·12	六
	十一	甲辰	11·22	二
己亥	廿一	甲寅	12·2	五
十一月大	初一	甲子	12·12	一
	十一	甲戌	12·22	四
庚子	廿一	甲申	1·1	日
十二月小	初一	甲午	1·11	三
	十一	甲辰	1·21	六
辛丑	廿一	甲寅	1·31	二

壬午年（2062年）

农历与干支			公历	星期
正月大	初一	癸亥	2·9	四
	十一	癸酉	2·19	日
壬寅	廿一	癸未	3·1	三
二月大	初一	癸巳	3·11	六
	十一	癸卯	3·21	二
癸卯	廿一	癸丑	3·31	五
三月小	初一	癸亥	4·10	一
	十一	癸酉	4·20	四
甲辰	廿一	癸未	4·30	日
四月小	初一	壬辰	5·9	二
	十一	壬寅	5·19	五
乙巳	廿一	壬子	5·29	一
五月大	初一	辛酉	6·7	三
	十一	辛未	6·17	六
丙午	廿一	辛巳	6·27	二
六月小	初一	辛卯	7·7	五
	十一	辛丑	7·17	一
丁未	廿一	辛亥	7·27	四
七月小	初一	庚申	8·5	六
	十一	庚午	8·15	二
戊申	廿一	庚辰	8·25	五
八月大	初一	己丑	9·3	日
	十一	己亥	9·13	三
己酉	廿一	己酉	9·23	六
九月小	初一	己未	10·3	二
	十一	己巳	10·13	五
庚戌	廿一	己卯	10·23	一
十月大	初一	戊子	11·1	三
	十一	戊戌	11·11	六
辛亥	廿一	戊申	11·21	二
十一月大	初一	戊午	12·1	五
	十一	戊辰	12·11	一
壬子	廿一	戊寅	12·21	四
十二月小	初一	戊子	12·31	日
	十一	戊戌	1·10	三
癸丑	廿一	戊申	1·20	六

癸未年（2063年）

农历与干支			公历	星期
正月大 甲寅	初一 十一 廿一	丁巳 丁卯 丁丑	1•29 2•8 2•18	一 四 日
二月大 乙卯	初一 十一 廿一	丁亥 丁酉 丁未	2•28 3•10 3•20	三 六 二
三月小 丙辰	初一 十一 廿一	丁巳 丁卯 丁丑	3•30 4•9 4•19	五 一 四
四月大 丁巳	初一 十一 廿一	丙戌 丙申 丙午	4•28 5•8 5•18	六 二 五
五月小 戊午	初一 十一 廿一	丙辰 丙寅 丙子	5•28 6•7 6•17	一 四 日
六月大 己未	初一 十一 廿一	乙酉 乙未 乙巳	6•26 7•6 7•16	二 五 一
七月小 庚申	初一 十一 廿一	乙卯 乙丑 乙亥	7•26 8•5 8•15	四 日 三
闰七月小	初一 十一 廿一	甲申 甲午 甲辰	8•24 9•3 9•13	五 一 四
八月大 辛酉	初一 十一 廿一	癸丑 癸亥 癸酉	9•22 10•2 10•12	六 二 五
九月小 壬戌	初一 十一 廿一	癸未 癸巳 癸卯	10•22 11•1 11•11	一 四 日
十月大 癸亥	初一 十一 廿一	壬子 壬戌 壬申	11•20 11•30 12•10	二 五 一
十一月小 甲子	初一 十一 廿一	壬午 壬辰 壬寅	12•20 12•30 1•9	四 日 三
十二月大 乙丑	初一 十一 廿一	辛亥 辛酉 辛未	1•18 1•28 2•7	五 一 四

甲申年（2064年）

农历与干支			公历	星期
正月大 丙寅	初一 十一 廿一	辛巳 辛卯 辛丑	2•17 2•27 3•8	日 三 六
二月大 丁卯	初一 十一 廿一	辛亥 辛酉 辛未	3•18 3•28 4•7	二 五 一
三月小 戊辰	初一 十一 廿一	辛巳 辛卯 辛丑	4•17 4•27 5•7	四 日 三
四月大 己巳	初一 十一 廿一	庚戌 庚申 庚午	5•16 5•26 6•5	五 一 四
五月小 庚午	初一 十一 廿一	庚辰 庚寅 庚子	6•15 6•25 7•5	日 三 六
六月大 辛未	初一 十一 廿一	己酉 己未 己巳	7•14 7•24 8•3	一 四 日
七月小 壬申	初一 十一 廿一	己卯 己丑 己亥	8•13 8•23 9•2	三 六 二
八月小 癸酉	初一 十一 廿一	戊申 戊午 戊辰	9•11 9•21 10•1	四 日 三
九月大 甲戌	初一 十一 廿一	丁丑 丁亥 丁酉	10•10 10•20 10•30	五 一 四
十月小 乙亥	初一 十一 廿一	丁未 丁巳 丁卯	11•9 11•19 11•29	日 三 六
十一月大 丙子	初一 十一 廿一	丙子 丙戌 丙申	12•8 12•18 12•28	一 四 日
十二月小 丁丑	初一 十一 廿一	丙午 丙辰 丙寅	1•7 1•17 1•27	三 六 二

乙酉年（2065年）

农历与干支			公历	星期
正月大	初一	乙亥	2·5	四
	十一	乙酉	2·15	日
戊寅	廿一	乙未	2·25	三
二月大	初一	乙巳	3·7	六
	十一	乙卯	3·17	二
己卯	廿一	乙丑	3·27	五
三月小	初一	乙亥	4·6	一
	十一	乙酉	4·16	四
庚辰	廿一	乙未	4·26	日
四月大	初一	甲辰	5·5	二
	十一	甲寅	5·15	五
辛巳	廿一	甲子	5·25	一
五月大	初一	甲戌	6·4	四
	十一	甲申	6·14	日
壬午	廿一	甲午	6·24	三
六月小	初一	甲辰	7·4	六
	十一	甲寅	7·14	二
癸未	廿一	甲子	7·24	五
七月大	初一	癸酉	8·2	日
	十一	癸未	8·12	三
甲申	廿一	癸巳	8·22	六
八月小	初一	癸卯	9·1	二
	十一	癸丑	9·11	五
乙酉	廿一	癸亥	9·21	一
九月小	初一	壬申	9·30	三
	十一	壬午	10·10	六
丙戌	廿一	壬辰	10·20	二
十月大	初一	辛丑	10·29	四
	十一	辛亥	11·8	日
丁亥	廿一	辛酉	11·18	三
十一月小	初一	辛未	11·28	六
	十一	辛巳	12·8	二
戊子	廿一	辛卯	12·18	五
十二月大	初一	庚子	12·27	日
	十一	庚戌	1·6	三
己丑	廿一	庚申	1·16	六

丙戌年（2066年）

农历与干支			公历	星期
正月小	初一	庚午	1·26	二
	十一	庚辰	2·5	五
庚寅	廿一	庚寅	2·15	一
二月大	初一	己亥	2·24	三
	十一	己酉	3·6	六
辛卯	廿一	己未	3·16	二
三月小	初一	己巳	3·26	五
	十一	己卯	4·5	一
壬辰	廿一	己丑	4·15	四
四月大	初一	戊戌	4·24	六
	十一	戊申	5·4	二
癸巳	廿一	戊午	5·14	五
五月大	初一	戊辰	5·24	一
	十一	戊寅	6·3	四
甲午	廿一	戊子	6·13	日
闰五月小	初一	戊戌	6·23	三
	十一	戊申	7·3	六
	廿一	戊午	7·13	二
六月大	初一	丁卯	7·22	四
	十一	丁丑	8·1	日
乙未	廿一	丁亥	8·11	三
七月小	初一	丁酉	8·21	六
	十一	丁未	8·31	二
丙申	廿一	丁巳	9·10	五
八月大	初一	丙寅	9·19	日
	十一	丙子	9·29	三
丁酉	廿一	丙戌	10·9	六
九月小	初一	丙申	10·19	二
	十一	丙午	10·29	五
戊戌	廿一	丙辰	11·8	一
十月大	初一	乙丑	11·17	三
	十一	乙亥	11·27	六
己亥	廿一	乙酉	12·7	二
十一月小	初一	乙未	12·17	五
	十一	乙巳	12·27	一
庚子	廿一	乙卯	1·6	四
十二月大	初一	甲子	1·15	六
	十一	甲戌	1·25	二
辛丑	廿一	甲申	2·4	五

丁亥年（2067年）

农历与干支			公历	星期
正月小	初一	甲午	2·14	一
	十一	甲辰	2·24	四
壬寅	廿一	甲寅	3·6	日
二月大	初一	癸亥	3·15	二
	十一	癸酉	3·25	五
癸卯	廿一	癸未	4·4	一
三月小	初一	癸巳	4·14	四
	十一	癸卯	4·24	日
甲辰	廿一	癸丑	5·4	三
四月大	初一	壬戌	5·13	五
	十一	壬申	5·23	一
乙巳	廿一	壬午	6·2	四
五月小	初一	壬辰	6·12	日
	十一	壬寅	6·22	三
丙午	廿一	壬子	7·2	六
六月大	初一	辛酉	7·11	一
	十一	辛未	7·21	四
丁未	廿一	辛巳	7·31	日
七月大	初一	辛卯	8·10	三
	十一	辛丑	8·20	六
戊申	廿一	辛亥	8·30	二
八月小	初一	辛酉	9·9	五
	十一	辛未	9·19	一
己酉	廿一	辛巳	9·29	四
九月大	初一	庚寅	10·8	六
	十一	庚子	10·18	二
庚戌	廿一	庚戌	10·28	五
十月小	初一	庚申	11·7	一
	十一	庚午	11·17	四
辛亥	廿一	庚辰	11·27	日
十一月大	初一	己丑	12·6	二
	十一	己亥	12·16	五
壬子	廿一	己酉	12·26	一
十二月小	初一	己未	1·5	四
	十一	己巳	1·15	日
癸丑	廿一	己卯	1·25	三

戊子年（2068年）

农历与干支			公历	星期
正月大	初一	戊子	2·3	五
	十一	戊戌	2·13	一
甲寅	廿一	戊申	2·23	四
二月小	初一	戊午	3·4	日
	十一	戊辰	3·14	三
乙卯	廿一	戊寅	3·24	六
三月大	初一	丁亥	4·2	一
	十一	丁酉	4·12	四
丙辰	廿一	丁未	4·22	日
四月小	初一	丁巳	5·2	三
	十一	丁卯	5·12	六
丁巳	廿一	丁丑	5·22	二
五月小	初一	丙戌	5·31	四
	十一	丙申	6·10	日
戊午	廿一	丙午	6·20	三
六月大	初一	乙卯	6·29	五
	十一	乙丑	7·9	一
己未	廿一	乙亥	7·19	四
七月大	初一	乙酉	7·29	日
	十一	乙未	8·8	三
庚申	廿一	乙巳	8·18	六
八月小	初一	乙卯	8·28	二
	十一	乙丑	9·7	五
辛酉	廿一	乙亥	9·17	一
九月大	初一	甲申	9·26	三
	十一	甲午	10·6	六
壬戌	廿一	甲辰	10·16	二
十月大	初一	甲寅	10·26	五
	十一	甲子	11·5	一
癸亥	廿一	甲戌	11·15	四
十一月小	初一	甲申	11·25	日
	十一	甲午	12·5	三
甲子	廿一	甲辰	12·15	六
十二月大	初一	癸丑	12·24	一
	十一	癸亥	1·3	四
乙丑	廿一	癸酉	1·13	日

己丑年（2069年）

农历与干支			公历	星期
正月小	初一	癸未	1・23	三
	十一	癸巳	2・2	六
丙寅	廿一	癸卯	2・12	二
二月大	初一	壬子	2・21	四
	十一	壬戌	3・3	日
丁卯	廿一	壬申	3・13	三
三月小	初一	壬午	3・23	六
	十一	壬辰	4・2	二
戊辰	廿一	壬寅	4・12	五
四月大	初一	辛亥	4・21	日
	十一	辛酉	5・1	三
己巳	廿一	辛未	5・11	六
闰四月小	初一	辛巳	5・21	二
	十一	辛卯	5・31	五
	廿一	辛丑	6・10	一
五月小	初一	庚戌	6・19	三
	十一	庚申	6・29	六
庚午	廿一	庚午	7・9	二
六月大	初一	己卯	7・18	四
	十一	己丑	7・28	日
辛未	廿一	己亥	8・7	三
七月小	初一	己酉	8・17	六
	十一	己未	8・27	二
壬申	廿一	己巳	9・6	五
八月大	初一	戊寅	9・15	日
	十一	戊子	9・25	三
癸酉	廿一	戊戌	10・5	六
九月大	初一	戊申	10・15	二
	十一	戊午	10・25	五
甲戌	廿一	戊辰	11・4	一
十月大	初一	戊寅	11・14	四
	十一	戊子	11・24	日
乙亥	廿一	戊戌	12・4	三
十一月小	初一	戊申	12・14	六
	十一	戊午	12・24	二
丙子	廿一	戊辰	1・3	五
十二月大	初一	丁丑	1・12	日
	十一	丁亥	1・22	三
丁丑	廿一	丁酉	2・1	六

庚寅年（2070年）

农历与干支			公历	星期
正月小	初一	丁未	2・11	二
	十一	丁巳	2・21	五
戊寅	廿一	丁卯	3・3	一
二月大	初一	丙子	3・12	三
	十一	丙戌	3・22	六
己卯	廿一	丙申	4・1	二
三月小	初一	丙午	4・11	五
	十一	丙辰	4・21	一
庚辰	廿一	丙寅	5・1	四
四月大	初一	乙亥	5・10	六
	十一	乙酉	5・20	二
辛巳	廿一	乙未	5・30	五
五月小	初一	乙巳	6・9	一
	十一	乙卯	6・19	四
壬午	廿一	乙丑	6・29	日
六月小	初一	甲戌	7・8	二
	十一	甲申	7・18	五
癸未	廿一	甲午	7・28	一
七月大	初一	癸卯	8・6	三
	十一	癸丑	8・16	六
甲申	廿一	癸亥	8・26	二
八月小	初一	癸酉	9・5	五
	十一	癸未	9・15	一
乙酉	廿一	癸巳	9・25	四
九月大	初一	壬寅	10・4	六
	十一	壬子	10・14	二
丙戌	廿一	壬戌	10・24	五
十月大	初一	壬申	11・3	一
	十一	壬午	11・13	四
丁亥	廿一	壬辰	11・23	日
十一月小	初一	壬寅	12・3	三
	十一	壬子	12・13	六
戊子	廿一	壬戌	12・23	二
十二月大	初一	辛未	1・1	四
	十一	辛巳	1・11	日
己丑	廿一	辛卯	1・21	三

辛卯年（2071年）

农历与干支			公历	星期
正月大	初一	辛丑	1・31	六
	十一	辛亥	2・10	二
庚寅	廿一	辛酉	2・20	五
二月小	初一	辛未	3・2	一
	十一	辛巳	3・12	四
辛卯	廿一	辛卯	3・22	日
三月大	初一	庚子	3・31	二
	十一	庚戌	4・10	五
壬辰	廿一	庚申	4・20	一
四月小	初一	庚午	4・30	四
	十一	庚辰	5・10	日
癸巳	廿一	庚寅	5・20	三
五月大	初一	己亥	5・29	五
	十一	己酉	6・8	一
甲午	廿一	己未	6・18	四
六月小	初一	己巳	6・28	日
	十一	己卯	7・8	三
乙未	廿一	己丑	7・18	六
七月小	初一	戊戌	7・27	一
	十一	戊申	8・6	四
丙申	廿一	戊午	8・16	日
八月大	初一	丁卯	8・25	二
	十一	丁丑	9・4	五
丁酉	廿一	丁亥	9・14	一
闰八月小	初一	丁酉	9・24	四
	十一	丁未	10・4	日
	廿一	丁巳	10・14	三
九月大	初一	丙寅	10・23	五
	十一	丙子	11・2	一
戊戌	廿一	丙戌	11・12	四
十月小	初一	丙申	11・22	日
	十一	丙午	12・2	三
己亥	廿一	丙辰	12・12	六
十一月大	初一	乙丑	12・21	一
	十一	乙亥	12・31	四
庚子	廿一	乙酉	1・10	日
十二月大	初一	乙未	1・20	三
	十一	乙巳	1・30	六
辛丑	廿一	乙卯	2・9	二

壬辰年（2072年）

农历与干支			公历	星期
正月大	初一	乙丑	2・19	五
	十一	乙亥	2・29	一
壬寅	廿一	乙酉	3・10	四
二月小	初一	乙未	3・20	日
	十一	乙巳	3・30	三
癸卯	廿一	乙卯	4・9	六
三月大	初一	甲子	4・18	一
	十一	甲戌	4・28	四
甲辰	廿一	甲申	5・8	日
四月小	初一	甲午	5・18	三
	十一	甲辰	5・28	六
乙巳	廿一	甲寅	6・7	二
五月大	初一	癸亥	6・16	四
	十一	癸酉	6・26	日
丙午	廿一	癸未	7・6	三
六月小	初一	癸巳	7・16	六
	十一	癸卯	7・26	二
丁未	廿一	癸丑	8・5	五
七月小	初一	壬戌	8・14	日
	十一	壬申	8・24	三
戊申	廿一	壬午	9・3	六
八月大	初一	辛卯	9・12	一
	十一	辛丑	9・22	四
己酉	廿一	辛亥	10・2	日
九月小	初一	辛酉	10・12	三
	十一	辛未	10・22	六
庚戌	廿一	辛巳	11・1	二
十月大	初一	庚寅	11・10	四
	十一	庚子	11・20	日
辛亥	廿一	庚戌	11・30	三
十一月小	初一	庚申	12・10	六
	十一	庚午	12・20	二
壬子	廿一	庚辰	12・30	五
十二月大	初一	己丑	1・8	日
	十一	己亥	1・18	三
癸丑	廿一	己酉	1・28	六

癸巳年（2073年）

农历与干支			公历	星期
正月大	初一	己未	2·7	二
	十一	己巳	2·17	五
甲寅	廿一	己卯	2·27	一
二月小	初一	己丑	3·9	四
	十一	己亥	3·19	日
乙卯	廿一	己酉	3·29	三
三月大	初一	戊午	4·7	五
	十一	戊辰	4·17	一
丙辰	廿一	戊寅	4·27	四
四月大	初一	戊子	5·7	日
	十一	戊戌	5·17	三
丁巳	廿一	戊申	5·27	六
五月小	初一	戊午	6·6	二
	十一	戊辰	6·16	五
戊午	廿一	戊寅	6·26	一
六月大	初一	丁亥	7·5	三
	十一	丁酉	7·15	六
己未	廿一	丁未	7·25	二
七月小	初一	丁巳	8·4	五
	十一	丁卯	8·14	一
庚申	廿一	丁丑	8·24	四
八月小	初一	丙戌	9·2	六
	十一	丙申	9·12	二
辛酉	廿一	丙午	9·22	五
九月大	初一	乙卯	10·1	日
	十一	乙丑	10·11	三
壬戌	廿一	乙亥	10·21	六
十月小	初一	乙酉	10·31	二
	十一	乙未	11·10	五
癸亥	廿一	乙巳	11·20	一
十一月大	初一	甲寅	11·29	三
	十一	甲子	12·9	六
甲子	廿一	甲戌	12·19	二
十二月小	初一	甲申	12·29	五
	十一	甲午	1·8	一
乙丑	廿一	甲辰	1·18	四

甲午年（2074年）

农历与干支			公历	星期
正月大	初一	癸丑	1·27	六
	十一	癸亥	2·6	二
丙寅	廿一	癸酉	2·16	五
二月小	初一	癸未	2·26	一
	十一	癸巳	3·8	四
丁卯	廿一	癸卯	3·18	日
三月大	初一	壬子	3·27	二
	十一	壬戌	4·6	五
戊辰	廿一	壬申	4·16	一
四月大	初一	壬午	4·26	四
	十一	壬辰	5·6	日
己巳	廿一	壬寅	5·16	三
五月小	初一	壬子	5·26	六
	十一	壬戌	6·5	二
庚午	廿一	壬申	6·15	五
六月大	初一	辛巳	6·24	日
	十一	辛卯	7·4	三
辛未	廿一	辛丑	7·14	六
闰六月小	初一	辛亥	7·24	二
	十一	辛酉	8·3	五
	廿一	辛未	8·13	一
七月大	初一	庚辰	8·22	三
	十一	庚寅	9·1	六
壬申	廿一	庚子	9·11	二
八月小	初一	庚戌	9·21	五
	十一	庚申	10·1	一
癸酉	廿一	庚午	10·11	四
九月大	初一	己卯	10·20	六
	十一	己丑	10·30	二
甲戌	廿一	己亥	11·9	五
十月小	初一	己酉	11·19	一
	十一	己未	11·29	四
乙亥	廿一	己巳	12·9	日
十一月大	初一	戊寅	12·18	二
	十一	戊子	12·28	五
丙子	廿一	戊戌	1·7	一
十二月小	初一	戊申	1·17	四
	十一	戊午	1·27	日
丁丑	廿一	戊辰	2·6	三

乙未年（2075年）

农历与干支			公历	星期
正月大	初一	丁丑	2·15	五
	十一	丁亥	2·25	一
戊寅	廿一	丁酉	3·7	四
二月小	初一	丁未	3·17	日
	十一	丁巳	3·27	三
己卯	廿一	丁卯	4·6	六
三月大	初一	丙子	4·15	一
	十一	丙戌	4·25	四
庚辰	廿一	丙申	5·5	日
四月小	初一	丙午	5·15	三
	十一	丙辰	5·25	六
辛巳	廿一	丙寅	6·4	二
五月大	初一	乙亥	6·13	四
	十一	乙酉	6·23	日
壬午	廿一	乙未	7·3	三
六月大	初一	乙巳	7·13	六
	十一	乙卯	7·23	二
癸未	廿一	乙丑	8·2	五
七月小	初一	乙亥	8·12	一
	十一	乙酉	8·22	四
甲申	廿一	乙未	9·1	日
八月大	初一	甲辰	9·10	二
	十一	甲寅	9·20	五
乙酉	廿一	甲子	9·30	一
九月小	初一	甲戌	10·10	四
	十一	甲申	10·20	日
丙戌	廿一	甲午	10·30	三
十月大	初一	癸卯	11·8	五
	十一	癸丑	11·18	一
丁亥	廿一	癸亥	11·28	四
十一月小	初一	癸酉	12·8	日
	十一	癸未	12·18	三
戊子	廿一	癸巳	12·28	六
十二月大	初一	壬寅	1·6	一
	十一	壬子	1·16	四
己丑	廿一	壬戌	1·26	日

丙申年（2076年）

农历与干支			公历	星期
正月小	初一	壬申	2·5	三
	十一	壬午	2·15	六
庚寅	廿一	壬辰	2·25	二
二月大	初一	辛丑	3·5	四
	十一	辛亥	3·15	日
辛卯	廿一	辛酉	3·25	三
三月小	初一	辛未	4·4	六
	十一	辛巳	4·14	二
壬辰	廿一	辛卯	4·24	五
四月大	初一	庚子	5·3	日
	十一	庚戌	5·13	三
癸巳	廿一	庚申	5·23	六
五月小	初一	庚午	6·2	二
	十一	庚辰	6·12	五
甲午	廿一	庚寅	6·22	一
六月大	初一	己亥	7·1	三
	十一	己酉	7·11	六
乙未	廿一	己未	7·21	二
七月小	初一	己巳	7·31	五
	十一	己卯	8·10	一
丙申	廿一	己丑	8·20	四
八月大	初一	戊戌	8·29	六
	十一	戊申	9·8	二
丁酉	廿一	戊午	9·18	五
九月大	初一	戊辰	9·28	一
	十一	戊寅	10·8	四
戊戌	廿一	戊子	10·18	日
十月小	初一	戊戌	10·28	三
	十一	戊申	11·7	六
己亥	廿一	戊午	11·17	二
十一月大	初一	丁卯	11·26	四
	十一	丁丑	12·6	日
庚子	廿一	丁亥	12·16	三
十二月小	初一	丁酉	12·26	六
	十一	丁未	1·5	二
辛丑	廿一	丁巳	1·15	五

丁酉年（2077年）

农历与干支		公历	星期
正月大	初一 丙寅	1·24	日
	十一 丙子	2·3	三
壬寅	廿一 丙戌	2·13	六
二月小	初一 丙申	2·23	二
	十一 丙午	3·5	五
癸卯	廿一 丙辰	3·15	一
三月大	初一 乙丑	3·24	三
	十一 乙亥	4·3	六
甲辰	廿一 乙酉	4·13	二
四月小	初一 乙未	4·23	五
	十一 乙巳	5·3	一
乙巳	廿一 乙卯	5·13	四
闰四月小	初一 甲子	5·22	六
	十一 甲戌	6·1	二
	廿一 甲申	6·11	五
五月大	初一 癸巳	6·20	日
	十一 癸卯	6·30	三
丙午	廿一 癸丑	7·10	六
六月小	初一 癸亥	7·20	二
	十一 癸酉	7·30	五
丁未	廿一 癸未	8·9	一
七月大	初一 壬辰	8·18	三
	十一 壬寅	8·28	六
戊申	廿一 壬子	9·7	二
八月大	初一 壬戌	9·17	五
	十一 壬申	9·27	一
己酉	廿一 壬午	10·7	四
九月大	初一 壬辰	10·17	日
	十一 壬寅	10·27	三
庚戌	廿一 壬子	11·6	六
十月小	初一 壬戌	11·16	二
	十一 壬申	11·26	五
辛亥	廿一 壬午	12·6	一
十一月大	初一 辛卯	12·15	三
	十一 辛丑	12·25	六
壬子	廿一 辛亥	1·4	二
十二月小	初一 辛酉	1·14	五
	十一 辛未	1·24	一
癸丑	廿一 辛巳	2·3	四

戊戌年（2078年）

农历与干支		公历	星期
正月大	初一 庚寅	2·12	六
	十一 庚子	2·22	二
甲寅	廿一 庚戌	3·4	五
二月小	初一 庚申	3·14	一
	十一 庚午	3·24	四
乙卯	廿一 庚辰	4·3	日
三月大	初一 己丑	4·12	二
	十一 己亥	4·22	五
丙辰	廿一 己酉	5·2	一
四月小	初一 己未	5·12	四
	十一 己巳	5·22	日
丁巳	廿一 己卯	6·1	三
五月小	初一 戊子	6·10	五
	十一 戊戌	6·20	一
戊午	廿一 戊申	6·30	四
六月大	初一 丁巳	7·9	六
	十一 丁卯	7·19	二
己未	廿一 丁丑	7·29	五
七月小	初一 丁亥	8·8	一
	十一 丁酉	8·18	四
庚申	廿一 丁未	8·28	日
八月大	初一 丙辰	9·6	二
	十一 丙寅	9·16	五
辛酉	廿一 丙子	9·26	一
九月大	初一 丙戌	10·6	四
	十一 丙申	10·16	日
壬戌	廿一 丙午	10·26	三
十月小	初一 丙辰	11·5	六
	十一 丙寅	11·15	二
癸亥	廿一 丙子	11·25	五
十一月大	初一 乙酉	12·4	日
	十一 乙未	12·14	三
甲子	廿一 乙巳	12·24	六
十二月大	初一 乙卯	1·3	二
	十一 乙丑	1·13	五
乙丑	廿一 乙亥	1·23	一

己亥年（2079年）

农历与干支			公历	星期
正月小	初一	乙酉	2•2	四
	十一	乙未	2•12	日
丙寅	廿一	乙巳	2•22	三
二月大	初一	甲寅	3•3	五
	十一	甲子	3•13	一
丁卯	廿一	甲戌	3•23	四
三月小	初一	甲申	4•2	日
	十一	甲午	4•12	三
戊辰	廿一	甲辰	4•22	六
四月大	初一	癸丑	5•1	一
	十一	癸亥	5•11	四
己巳	廿一	癸酉	5•21	日
五月小	初一	癸未	5•31	三
	十一	癸巳	6•10	六
庚午	廿一	癸卯	6•20	二
六月小	初一	壬子	6•29	四
	十一	壬戌	7•9	日
辛未	廿一	壬申	7•19	三
七月大	初一	辛巳	7•28	五
	十一	辛卯	8•7	一
壬申	廿一	辛丑	8•17	四
八月小	初一	辛亥	8•27	日
	十一	辛酉	9•6	三
癸酉	廿一	辛未	9•16	六
九月大	初一	庚辰	9•25	一
	十一	庚寅	10•5	四
甲戌	廿一	庚子	10•15	日
十月小	初一	庚戌	10•25	三
	十一	庚申	11•4	六
乙亥	廿一	庚午	11•14	二
十一月大	初一	己卯	11•23	四
	十一	己丑	12•3	日
丙子	廿一	己亥	12•13	三
十二月大	初一	己酉	12•23	六
	十一	己未	1•2	二
丁丑	廿一	己巳	1•12	五

庚子年（2080年）

农历与干支			公历	星期
正月大	初一	己卯	1•22	一
	十一	己丑	2•1	四
戊寅	廿一	己亥	2•11	日
二月小	初一	己酉	2•21	三
	十一	己未	3•2	六
己卯	廿一	己巳	3•12	二
三月大	初一	戊寅	3•21	四
	十一	戊子	3•31	日
庚辰	廿一	戊戌	4•10	三
闰三月小	初一	戊申	4•20	六
	十一	戊午	4•30	二
	廿一	戊辰	5•10	五
四月大	初一	丁丑	5•19	日
	十一	丁亥	5•29	三
辛巳	廿一	丁酉	6•8	六
五月小	初一	丁未	6•18	二
	十一	丁巳	6•28	五
壬午	廿一	丁卯	7•8	一
六月小	初一	丙子	7•17	三
	十一	丙戌	7•27	六
癸未	廿一	丙申	8•6	二
七月大	初一	乙巳	8•15	四
	十一	乙卯	8•25	日
甲申	廿一	乙丑	9•4	三
八月小	初一	乙亥	9•14	六
	十一	乙酉	9•24	二
乙酉	廿一	乙未	10•4	五
九月小	初一	甲辰	10•13	日
	十一	甲寅	10•23	三
丙戌	廿一	甲子	11•2	六
十月大	初一	癸酉	11•11	一
	十一	癸未	11•21	四
丁亥	廿一	癸巳	12•1	日
十一月大	初一	癸卯	12•11	三
	十一	癸丑	12•21	六
戊子	廿一	癸亥	12•31	二
十二月大	初一	癸酉	1•10	五
	十一	癸未	1•20	一
己丑	廿一	癸巳	1•30	四